Pythonによる
問題解決シリーズ

監修：久保幹雄

1

············

データ分析ライブラリーを用いた
最適化モデルの作り方

斉藤 努 [著]

近代科学社

◆ 読者の皆さまへ◆

　平素より，小社の出版物をご愛読くださいまして，まことに有り難うございます．

　㈱近代科学社は 1959 年の創立以来，微力ながら出版の立場から科学・工学の発展に寄与すべく尽力してきております．それも，ひとえに皆さまの温かいご支援があってのものと存じ，ここに衷心より御礼申し上げます．

　なお，小社では，全出版物に対して HCD（人間中心設計）のコンセプトに基づき，そのユーザビリティを追求しております．本書を通じまして何かお気づきの事柄がございましたら，ぜひ以下の「お問合せ先」までご一報くださいますよう，お願いいたします．

　お問合せ先：reader@kindaikagaku.co.jp

　なお，本書の制作には，以下が各プロセスに関与いたしました：

- 企画：小山　透
- 編集：石井沙知
- 組版：藤原印刷 (LaTeX)
- 印刷：藤原印刷
- 製本：藤原印刷 (PUR)
- 資材管理：藤原印刷
- カバー・表紙デザイン：藤原印刷
- 広報宣伝・営業：山口幸治，東條風太

● 本書に記載されている会社名・製品名等は，一般に各社の登録商標または商標です．本文中の©, ®, ™ 等の表示は省略しています．

- 本書の複製権・翻訳権・譲渡権は株式会社近代科学社が保有します．
- JCOPY 〈（社）出版者著作権管理機構 委託出版物〉
  本書の無断複写は著作権法上での例外を除き禁じられています．
  複写される場合は，そのつど事前に（社）出版者著作権管理機構
  （電話 03-3513-6969，FAX 03-3513-6979，e-mail: info@jcopy.or.jp）の
  許諾を得てください．

[Pythonによる問題解決シリーズ]

刊行にあたって

　言わずもがなPythonは最近ますます注目を浴びているプログラミング言語である．その理由としては，Pythonが問題解決に適しているということが挙げられる．そこで本シリーズでは「Pythonによる問題解決」と銘打って，Python言語を用いて様々な問題を現実的に解決するための方法論について，各分野の専門家に執筆をお願いした．ここで問題解決とは，データサイエンティストがデータ分析をしたり，ORアナリストが最適化を行ったりすることを指す．Pythonには，パッケージ（モジュール）と呼ばれるライブラリが豊富にあり，それらを気楽に使えるため，問題解決（データ解析，データ可視化，統計解析，機械学習，最適化，シミュレーション，Webアプリケーション開発など）を極めて簡単に，かつ短時間にできるのだ．そのため，Pythonはデータサイエンティストやアナリストの必須習得言語となってきている．

　Pythonは欧米から火がついた言語であるので，和書に比べて洋書が圧倒的に多い．そのため，Pythonに関する書籍は翻訳書が中心になっているが，執筆から翻訳まで時間を要するので，その内容が比較的古くなっているものが散見される．Pythonは今も活発に改良されているプログラミング言語である．そのため，できるだけ鮮度の良い内容を公開したいために，執筆はすべて日本語での書き下ろしでお願いした．

　最近では，問題解決能力をもったデータサイエンティストやアナリストは引っ張りだこである．執筆者の皆様も大変多忙の中，執筆の時間を作って頂き，感謝する次第である．本シリーズによって，Pythonを駆使して問題解決を行うことができる人材が増えることを期待している．最後に，本シリーズの企画にご助力頂いた近代科学社フェローの小山氏ならびに研究会の助成をして頂いたグローバルATC(No.1005304)に感謝したい．

久保幹雄

はじめに

データ分析のツールとしてPythonが使われるようになってきた．しかし，**組合せ最適化**（以降最適化とも略す）のツールとしてPythonを使っている人はまだ少ない．本書では，最適化の初心者を対象にPythonで最適化を使う方法について説明する．

最適化とは，最も良いものを求めて意思決定するための手法のことで，さまざまな分野で使われている．近年，計算速度の向上により，以前は解けなかった問題も解けるようになってきた．

オペレーションズ・リサーチ (OR) とは，問題解決学と呼ばれる実践を重視している学問である．図1の「ORを探せ！」ポスター[*1]では，身の回りにある色々なORをわかりやすく紹介している．最適化だけでなく，待ち行列，意思決定法，都市計画など色々なテーマがあり，このような幅広いORの研

[*1] 公益社団法人 日本オペレーションズ・リサーチ学会：「ORを探せ！」ポスター
http://www.orsj.or.jp/members/poster.html

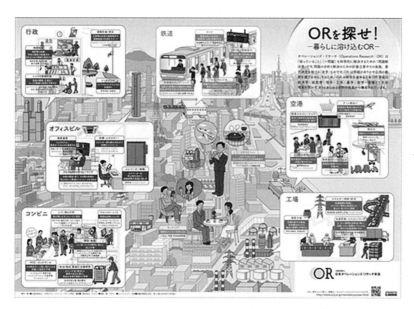

図1 「ORを探せ！」ポスター

究者の中においても Python を使う人が増えてきていることが感じられる．

本書は，理論ではなく**使い方を学ぶ**ことを目的としている．使い方を学ぶ一番の方法は，実際に手を動かすことである．自分でプログラムを動かしながら，学ぶことが望ましい．

なお，Python には Python2 と Python3 の 2 つの種類があり，互換性がない．本書では，Python3，具体的には Python3.7.1 を用いる．Python の文法については説明しない．必要であれば下記を参照されたい．

Python 3 ドキュメント
https://docs.python.org/ja/3/

本書を執筆するにあたり，ご協力いただいた皆様に感謝する．東京海洋大学の久保幹雄教授，(株) ビープラウドの同僚に細部にわたってチェックしていただき多くの有益なコメントをいただいた．企画から出版まで，お世話になった (株) 近代科学社の小山透氏，石井沙知氏，そして支えてくれた家族にも深謝する．

2018 年 11 月　斉藤　努

サンプルプログラムについて

本書に収録しているプログラムは，書籍の理解を助ける目的のサンプルプログラムである．完全に正しいことを証明するものではない．直接販売することを除き，商用でも無料で利用できる．利用において，損害等が発生しても利用者の責任とする．

License: Python Software Foundation License

PyQ™ とのコラボレーションについて

本書では，オンライン学習サービス PyQ™ （パイキュー）[2] の一部の機能を無料で体験できる．

https://pyq.jp にアクセスし「学習を始める」ボタンをクリックし，画面の案内に従って，キャンペーンコード「start_opt_model」を入力する．なお，体験するにはクレジットカードの登録が必要となる．

[2] PyQ™ は，株式会社ビープラウドが提供する有料のサービスである．

目　次

第1章　最適化とは

1.1　最適化モデル 1
1.2　最適化問題の種類 3
1.3　典型問題とは 5
1.4　ビジネスで使われる最適化問題 7
1.5　数理モデルの記述方法あれこれ 9
1.6　なぜ，最適化で Python なのか 10

第2章　Python で最適化を解くための環境構築

2.1　Python のインストール 13
2.2　ライブラリーのインストール 14

第3章　Jupyter Notebook の使い方

3.1　Jupyter の使い方 18
3.2　マジックコマンド 22
3.3　Jupyter に関する補足 26

第4章　PuLP の使い方：最適化モデルを作る

4.1　良いモデルとは 30
4.2　PuLP の使い方 30
4.3　ソルバーについて 36

　　　　4.4　ortoolpyの使い方 39
　　　　PuLP Cheat Sheet 46

第5章　pandasの使い方：変数表を作る

　　　　5.1　データの作成 48
　　　　5.2　データの参照 51
　　　　5.3　ブロードキャスト 51
　　　　5.4　条件抽出 52
　　　　5.5　ユニバーサル関数 53
　　　　5.6　軸で演算する関数 54
　　　　5.7　その他の関数 56
　　　　5.8　グラフ描画について 61
　　　　5.9　NumPyの関数 64

第6章　NetworkXの使い方：グラフを作る

　　　　6.1　グラフとは 67
　　　　6.2　グラフの種類 68
　　　　6.3　グラフの用語 70
　　　　6.4　グラフの種類別の構築方法 71
　　　　6.5　グラフの最適化問題 75
　　　　6.6　japanmapの使い方 77

第7章　モデルの作り方（基本）

　　　　7.1　いちばんやさしいマス埋め問題 79
　　　　7.2　輸送最適化問題 84
　　　　7.3　pandasを使った最適化モデルのテクニック 88
　　　　7.4　生産最適化を解く 90
　　　　7.5　ロジスティクス・ネットワーク設計問題 92
　　　　7.6　ナンプレを解く 95
　　　　7.7　最適化モデル作成の高度なテクニック 99

第 8 章　モデルの作り方（応用）

- 8.1 野球選手の守備を決めよう ... 111
- 8.2 県を 4 色に塗り分けよう ... 112
- 8.3 画像ファイルを 4 色で塗ろう ... 114
- 8.4 デートコースを決めよう ... 117
- 8.5 巡視船の航路を決めよう ... 121
- 8.6 学区編成問題 ... 123
- 8.7 ゲーム理論の混合戦略 ... 124
- 8.8 最長しりとりを求める ... 126
- 8.9 最短超文字列問題を解く ... 128
- 8.10 バラバラの写真を復元せよ！ ... 130
- 8.11 体育祭の写真選択 ... 132
- 8.12 凸多角形の最適三角形分割 ... 135
- 8.13 エデンの園配置の確認 ... 137
- 8.14 麻雀のあがりの判定 ... 139

第 9 章　最適化アラカルト

- 9.1 考え方：最適化プロジェクトの進め方 ... 143
- 9.2 話題：ソルバーの威力 ... 145
- 9.3 話題：ナップサック問題の結果の図示 ... 147
- 9.4 話題：ミニサムとミニマックスとは ... 149
- 9.5 考え方：ビンパッキング問題の解き方 ... 151
- 9.6 考え方：ビンパッキング問題に対するアプローチの比較 ... 153
- 9.7 手法：線形緩和問題とは ... 157
- 9.8 手法：緩和固定法 ... 160
- 9.9 手法：ローリング・ホライズン方式 ... 160
- 9.10 手法：時空間ネットワーク ... 161
- 9.11 話題：双対問題 ... 161
- 9.12 手法：モンテカルロ法を用いた最短路の計算 ... 164
- 9.13 話題：パズルを最適化で解く ... 167

付録A　最適化のアルゴリズム

A.1　アルゴリズムの枠組み 169
A.2　クラスカル法 170
A.3　ダイクストラ法 172
A.4　動的最適化 175
A.5　シンプレックス法 176
A.6　内点法 179
A.7　分枝限定法 182
A.8　図で見る分枝限定法 184
A.9　局所探索法 187

付録B　典型的な最適化問題　191

参考文献　199

索引　201

第1章
最適化とは

最適化とは，**問題解決の手法**である．たとえば，次のような問題を解決する．

- 自宅の最寄駅から会社へ行くのに最短時間の経路を知りたい．
- リュックサックに入れる商品の価値の合計を最大化したい．
- 倉庫から工場へ原料を輸送する費用を最小化したい．

最適化を知らない人から，機械学習との違いを尋ねられることがある．簡潔に述べると，以下の通りである．

- 機械学習：過去をものさしに未来を知る
- 最適化：モデルをものさしに未来を決める

機械学習では，過去のデータに注目する．現在の状況と似たような過去の状況において，過去にどのように判断したかを知ることができるのみである．一方，最適化では，**モデル**に注目する．モデルを解くことにより，問題を解決するためにはどうするのが最もよいか[*1]を決定できるのである．過去のデータも使うが，その目的はあくまでモデルを作ることのみである．

このように，最適化は名前の通り**最も良いもの**を求めて**意思決定**するために使う[*2]．

1.1 最適化モデル

前述の通り，最適化で重要なのはモデルである．モデルとは，現実の問題から本質を取り出し，コンピューターで処理できるように表現したものである．最適化のモデルができれば，**ソルバー**というソフトウェアで最適な結果

[*1] 最適化モデルの良さの尺度は，目的関数で決まる．

[*2] 機械学習でもモデルを使うが，モデルそのものが重要なわけではないため，当てはまりの良い結果を得るためにモデルを自由に変える．最適化はデータよりモデルを重要視している．

を出せる．

　モデルを作る方法を覚えるのはやさしいが，実際に現実の問題からモデルを作ることは難しい．本書では，色々なモデルを**自分の手を動かしながら**作成することを勧める．練習を積み重ねると，モデル作成の勘所を学べるようになる．

　ソルバーには，有料と無料のものがあるが，本書では無料の**CBC** (COIN-OR branch and cut) を使う．CBC は，Python の PuLP という**ライブラリー**[*3] に同包されている．

[*3] 本書では，import xxx と記述することで利用できる関数やクラスの集まりをライブラリーと呼ぶこととする．

モデルの構成要素

　モデルの構成要素は，次の 3 つである．

- **変数**
  コントロールできる意思決定対象のことである．モデル上では色々な値をとれるが，最適化の結果が得られると，1 つの変数は 1 つの値になる．モデル内には，複数の変数を持てる．

- **目的関数**
  最も良いものを表す指標．変数を使った数式を用いて関数として表し，最大化か最小化のどちらかを行う．目的関数の例として，移動時間や輸送費用がある．

- **制約条件**
  変数の組合せの中で守らなければならない条件のことである．

　制約条件は，次のいずれかの書き方をする．複数の条件を指定できるが，指定した条件を全て守らなければならない．

- 数式 $\geqq$ 数式
- 数式 $=$ 数式
- 数式 $\leqq$ 数式

　このとき，「数式 $\neq$ 数式」のように「等しくない」という記述はできない．また，「>」と「<」も使えない．

　モデルは，数式を使って表現するので，**数理モデル**と呼ばれる．また，厳密に数式だけでモデルを表現することを**定式化**するという．図 1.1 はモデルの構成要素のイメージである．x と y の 2 つの変数があるので，変数の組合せは 2 次元空間になる．目的関数はベクトル（矢印）で表現され，制約条件

は塗りつぶされた多角形の辺で表されている．

変数の組合せを**解**といい，変数を軸とする空間を**解空間**という．そして，解空間における制約条件を満たす領域（図1.1の塗りつぶされた部分）を，**実行可能領域**という．なお，ある集合に含まれる任意の2点を結ぶ線分もその集合に含まれるとき，これを**凸集合**といい，線形最適化問題の実行可能領域は**凸集合**になる．

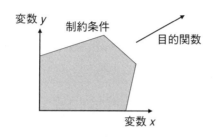

図 1.1　モデルの構成要素

実行可能領域の中で，目的関数の値が最も良い解を**厳密解**という．なお，厳密解は1つとは限らない．必ず厳密解が得られる解法を**厳密解法**，必ずしも厳密解が得られない解法を**近似解法**といい，近似解法の解のことを**近似解**という．

以上から，最適化モデルとは，「**変数を軸とする解空間上で，制約条件という壁で囲まれた中を対象として，目的関数の方向を最適とするモデル**」といえる．

1.2　最適化問題の種類

本節では，最適化問題の種類について説明する．最適化問題は，以下のように3種類に分類できる．

	連続変数だけ	連続変数に限らない
目的関数と制約条件が線形に限る	線形最適化問題	混合整数最適化問題
目的関数と制約条件が線形に限らない	（一般の）最適化問題	

それぞれの問題は，以下のような特徴を持つ．

- **線形最適化問題（linear programming problem: LP）**
  連続変数しか使用できない．目的関数と制約条件は線形の式でなければならない．
- **混合整数最適化問題（mixed integer programming problem: MIP）**
  連続変数と離散変数が使用できる．目的関数と制約条件は線形の式でなければならない．
- **（一般の）最適化問題**
  変数，目的関数，制約条件に制限がない．研究では**非線形最適化問題（non-linear programming problem: NLP）**というくくりで扱われるため，以降では非線形最適化問題と呼ぶ[*4]．

連続変数とは，実数値をとる変数のことである．一方，**離散変数**とは，整数のようにとびとびの値だけをとる変数のことである．離散変数のうち，0または1の値だけをとる変数を **0-1 変数**または**バイナリー変数**という．また，線形の式とは1次式で表せる式のことで，2次式や指数関数などは非線形と呼ばれる．

このような分類で表される問題を**汎用問題**と呼ぶことにする．この分類は，以下のように問題の解きやすさにも対応する．

- **線形最適化問題**
  簡単に解ける．変数や制約条件の数が数千万に及ぶ問題も解かれている．
- **混合整数最適化問題**
  基本的に簡単には解けない．変数や制約条件の数が少なければ解きやすいが，いくつまでなら安定的に解けるということはない．
- **非線形最適化問題**
  解くのは難しい．場合によっては，解けることもある．

本書では，**混合整数最適化問題**を取り扱う．その理由は，混合整数最適化問題を解くソルバーの性能が上がり，実用的に使える範囲が広がってきたこと，また，そのソルバーは線形最適化問題も扱えること，現実の問題を（制約条件ありの）非線形最適化問題として解くのは難しいこと，である．

注意すべきポイント

実務で最適化を使う上で注意すべきポイントがいくつかある．現在の最適化技術では，現実の課題を完全にモデル化することはできない．したがって，

[*4] 非線形最適化の研究では，2次最適化のように自明な非線形最適化に限らず，一般的な最適化問題全般に適用できる手法を扱っていることが多い．（制約条件を考慮できる）非線形最適化ソルバーも，（実用性を気にしなければ）どんな問題でも扱える．

重要度の低い部分を切り捨てて，モデルをシンプルにしなければ解けない．

このため，最適化の結果は，そのままでは現実には使えないことも多い．その場合，どのような不都合が生じるのかを確認するために，結果を検証をすることが重要になる．不都合をいち早く見つけるためには，グラフなどわかりやすい結果を見せることも重要である．

1.3 典型問題とは

前節で説明した汎用問題をより具体的に理解しやすく分類した問題を，本書では**典型問題**と呼ぶことにする．典型問題には非常に多くの種類があるので，本書では24タイプの問題を厳選し，それらをさらにカテゴリーごとに分け，7つの典型問題クラスという枠組みを作成した．詳細は付録Bを参照されたい．

全ての数理最適化問題は，いずれかの汎用問題に該当する．つまり，汎用問題は組合せ最適化問題の大分類ととらえられる．しかし，この分類はラフすぎる．生物にたとえると，脊椎動物や無脊椎動物といった分類のようなものだ．これに対し，典型問題は小分類ととらえられ，生物でいうと，は虫類やほ乳類といった分類にたとえられる．典型問題の方が身近に感じられるので，覚えやすいだろう．

数理モデルは，生物におけるDNAのような設計図であるといえる．しかし，1つの生物のDNAは1つだけだが，1つの問題（現実の課題）は別々の問題（典型問題などの分類）としてとらえることもできる．また，1つの典型問題クラスに種類の異なる汎用問題を含むこともある（図1.2）．

図 1.2　最適化問題の系統木

なお，汎用問題や典型問題の種類によってソルバー（すなわち解法）が変わるが，一般的に典型問題のソルバーの方が汎用問題のソルバーより効率が良い．これを**ノーフリーランチ定理**と呼ぶ．

このように最適化問題は色々なとらえ方ができる．問題のサイズやパラメーターで解きやすさが変わってくるので，特定のとらえ方が優れているということはなく，大事なことは，**色々なとらえ方ができるようになること**である（図1.3）．

図 **1.3**　問題は色々なとらえ方ができる

ここで，汎用問題について補足する．生物における脊椎動物と無脊椎動物は別々のグループだが，汎用問題の分類は図1.4のように包含関係になる．すなわち，全ての問題は非線形最適化問題であり，その中に混合整数最適化問題があり，さらにその中に線形最適化問題がある．つまり，線形最適化問題は混合整数最適化問題でもあり，非線形最適化問題でもある．また，混合整数最適化問題は非線形最適化問題でもある．

図 **1.4**　汎用問題の分類

*5 非線形最適化ソルバーには，制約を考慮できるものとできないものがあるが，実務者にとっては，制約を考慮できるソルバーだけ気にしていれば十分と思われるので，ここでは制約を考慮できることを前提にしている．

このことは，ソルバーを適用する際にも当てはまる．非線形最適化ソルバーは，非線形最適化問題，混合整数最適化問題，線形最適化問題を全て扱える[*5]．混合整数最適化ソルバーは，一般の非線形最適化問題は扱えず，混合整数最適

化問題，線形最適化問題を扱える．そして，線形最適化ソルバーは，線形最適化問題のみ扱える．ただし，混合整数最適化ソルバーと線形最適化ソルバーは1つのソフトウェアになっていることが多い．本書で利用しているCBCも，この2つのソルバーを兼ねている．

ソルバーは，より小さい領域に適用する方が高性能になる．したがって，線形最適化問題の場合は，線形最適化ソルバーを利用する方が早く最適解が得られる．線形最適化問題に対して非線形最適化ソルバーを用いた場合，初期解を指定する必要がある，計算時間が膨大にかかるなどのデメリットが生じる．

最適化の研究者の間では，これよりはるかに細かく問題が分類されているが，多くの実務者にとっては，非線形最適化，混合整数最適化，線形最適化の3種類を把握しておけば十分であろう．なお，混合整数最適化問題は混合整数線形最適化問題ともいう[6]．

1.4　ビジネスで使われる最適化問題

本節では，ビジネスで使われる最適化問題，特に物流分野における問題のうち，いくつかを簡単に紹介する．なお，生産と物流は関係が深いので，生産に関する問題も含んでいる[7]．また，物流の問題は，一部を除き難しい問題が多く，入力データとなる諸元の入手も難しい．

以降で紹介する典型問題は，理解を補助するために簡略化しているものが多いので，実務で使う場合は別途検討すべきことが多いだろう．

ロジスティクス・ネットワーク設計問題

工場や倉庫などの拠点の配置/削減，生産ライン能力，生産量，在庫量，輸送量などを決定する問題[8]．物流最適化問題の中で，最も費用対効果の大きい問題である．拠点配置を含むことから，物流最適化の最上位に位置する問題であり，この問題を後にしてその他の問題を先に解いても，最終的に効率的とはならない．入力データとなる諸元の準備に手間がかかる場合，概算でもよいので，根拠のある数値を使う．

なお，輸送量だけに着目すると輸送最適化問題となる．このように部分的に検討することも多い．第7章の「ロジスティクス・ネットワーク設計問題」では，生産費用と輸送費用だけを対象にしたモデルを紹介する．

[6] 研究者は，線形最適化 (linear optimization) を LP (Linear Programing)，混合整数最適化 (Mixed Integer Linear Optimization) を MIP もしくは MILP (Mixed Integer Linear Programing)，非線形最適化 (Non Linear Optimization) を NLP (Non Linear Programing) と呼ぶ．programing は，もともと「計画」と訳されていたが，最近では最適化と呼ぶようになってきたので，本書でも最適化で統一している．

[7] 経済発注量モデルは定式化して解く問題ではないので，ここでは省く．また，生産スケジューリング問題も定式化して解かれることが少ないので省く．

[8] http://www.orsj.or.jp/~wiki/wiki/index.php/ロジスティクスネットワーク設計問題

配送最適化（運搬経路）問題

複数のオーダーを複数の車両（ビークル）を使って配送する問題．オーダーとは，決められた荷物を配送元から配送先へ運ぶ要求を指す[*9]．オーダーに時間枠（配送先から出荷できる時間帯，配送元に入荷できる時間帯など）が決められているなど，さまざまなバリエーションが存在する．難しい問題のため，近似解法で解かれることが多い．

[*9] 付録 B の「運搬経路（配送最適化）問題」を参照．

船舶スケジューリング問題

車両の代わりに船舶を用いた，配送最適化問題の海上版である．入港制限など，海ならではの制約がつくこともあるが，構造としては配送最適化問題と同じである．列生成法を用いた集合被覆問題として解かれるケースがある．

クルースケジューリング問題（勤務スケジューリング問題）

トラック，鉄道車両，航空機などの乗務員のスケジュールを求める問題[*10]．機材（鉄道車両，航空機）の割当問題を先に解くこともある．

[*10] http://www.orsj.or.jp/~wiki/wiki/index.php/勤務スケジューリング

最小費用流問題

各時刻の需要を満たすように，船舶や車両を用いて，物資が余っているところから不足しているところに最小の輸送費用で運ぶ問題[*11]．在庫の水準は，リスクを考慮して，別途定めなければならない．使用済みのレンタカーや空きパレットなどを需要地に戻す問題もこれにあたる．この場合，**在庫水準を複数定める**と効果的である．物資が複数種類の場合は，多品種最小費用流問題となる．

[*11] 付録 B の「最小費用流問題」を参照． http://www.orsj.or.jp/~wiki/wiki/index.php/最小費用フロー問題

安全在庫問題

需要のばらつきに備えて，在庫費用と（供給不可の）品切れリスクのバランスをとる問題[*12]．品切れリスクをペナルティとして目的関数に入れたり，あるいは制約としたりする．安全在庫量が独立な正規分布を仮定すると凹（非凸）な2次関数となり，非線形最適化問題となる．調達先を複数にして，災害などを考慮するようなモデルもある．

[*12] http://www.orsj.or.jp/~wiki/wiki/index.php/《在庫管理》

ロットサイズ決定問題

段取り費用が発生するなど，製品をまとめて作成すると効率が良い場合に，在庫費用とトレードオフでどれだけまとめて作るかを決定する問題[*13]．なお，

[*13] http://www.orsj.or.jp/~wiki/wiki/index.php/動的ロットサイズ決定問題

ここでいう「段取り」とは，生産する製品の種類を変更するときに発生する作業を表す．

ジョブショップ問題（フローショップ問題）
　ジョブを機械に割り当てる問題．処理順序が決まっている場合は，フローショップ問題という[*14]．

パッキング問題
　コンテナなどの入れ物に荷物を効率よく詰め込む問題[*15]．切出し（カッティング：資源を分割すること）と詰め込み（パッキング：入れ物に物を詰めること）は，表裏一体であり，問題としては同じとなる．

収益管理問題
　時間経過により陳腐化する商品に対し，価格を操作し（上げて），収益を最大化する問題[*16]．航空運賃やホテルの価格決定でよく見られる．

1.5 数理モデルの記述方法あれこれ

　本節では，ソルバーの入力となる数理モデルを記述する方法をいくつか紹介する．

Excel
　Excelでは「ソルバー」というアドインを有効化することで，最適化モデルを作成し解ける[*17]．メリットは，Excelはビジネスで広く利用されているため，ソフトウェアの導入という点でしきいが低い（Excelに付属している）ことである．
　一方，デメリットは，Excelが有料であること，小さい問題しか解けないこと，モデルの全体像が把握しにくいことである．なお，**Google**アプリのスプレッドシートでも，無料のアドオンでExcelと同じようにソルバーを追加して使える．Googleアプリなので，ソルバーはクラウド上で実行される．

標準入力フォーマット（LP形式）
　テキスト形式のフォーマットで記述する方法である．メリットは，多くの

[*14] 付録Bの「ジョブショップ問題」を参照．
http://www.orsj.or.jp/~wiki/wiki/index.php/ジョブショップ問題

[*15] 付録Bの「n次元パッキング問題」を参照．
http://www.orsj.or.jp/~wiki/wiki/index.php/板取り問題

[*16] 参考文献[17]『サプライ・チェイン最適化ハンドブック』
http://www.logopt.com/mikiokubo/handbook/s-rm1.pdf

[*17] 詳細については，参考文献[14]『Excelで学ぶOR』を参照されたい．

ソルバーで利用できること，テキストエディタで作成できること，数式で記述するので人が読んでもわかりやすいことである．似たようなフォーマットに MPS 形式[*18] があるが，こちらはわかりにくい．

一方，デメリットは，大きなモデルになると読んで理解することは困難になること，モデルとして見るとわかりにくいことである．

[*18] ソルバーで最も広く使われているフォーマット．

モデリング言語（AMPL など）

モデリングに特化した言語で記述する方法である．メリットは，最適化モデル作成に関する機能が多いことである．

一方，デメリットは，ソルバーごとに異なるモデリング言語を覚えなければ使えないこと，最適化モデルの作成しかできないことである．

プログラミング言語（Python など）

汎用プログラミング言語を用いて最適化モデルを記述する方法である[*19]．本書では，Python によるモデル化を勧める．

[*19] C++ や C# などが使われていたが，最近では Python がよく使われるようになってきており，色々なソルバーを利用できる．

1.6 なぜ，最適化で Python なのか

著者は，業務で，組合せ最適化技術を用いたソフトウェア開発（たとえば，物流における輸送コストの最小化など）を行っている．以前は C++ や C# を用いて最適化モデルを作成していたが，最近では Python を用いることが多い．

以下に，最適化で Python を用いるメリットを列挙する．

- わかりやすさ
  数式によるモデルと Python によるモデルが近いため，より本質的な記述に専念でき，保守しやすいモデルを作成できる．
- 簡潔な記述
  最適化モデルと Python のプログラムは，似たような記述になる（図 1.5）．C++ などに比べると，プログラムのサイズは数分の 1 になる．
- 小さい学習コスト
  シンプルな文法で，予約語も少ない．
- Python で完結
  汎用言語であるため，種々の目的の処理もほぼ Python で記述できる．た

最適化のモデル

目的関数: $-3x_1 - 2x_2 \to$ 最小化
制約条件: $2x_1 + x_2 \leq 3$
$x_1, x_2 \geq 0$

Pythonによる表現

```
from pulp import *
m = LpProblem() # 最小化
x1 = LpVariable('x1', lowBound=0)
x2 = LpVariable('x2', lowBound=0)
m += -3*x1 - 2*x2 # 目的関数
m += 2*x1 + x2 <= 3 # 制約条件
```

図 1.5　簡潔な記述

とえば，webからデータを取得し，それを集計，分析，最適化，可視化するなどを，全てPythonで行える．

- 多くのライブラリー
  コミュニティサイト https://pypi.org/ だけでも，約16万ものライブラリーが公開されている[20]．
- さまざまな実行環境
  Windows, macOS, Linux の各種 OS で実行でき，処理系もCPythonやPyPyやIronPythonなどがある．
- ソフトウェアのPython対応
  有料，無料含め多くの最適化ソフトウェアがPythonに対応している．

[20] 他に，https://github.com/ や https://anaconda.org/ でも公開されている．

Pythonは，C++などのコンパイラ言語に比べると実行速度が遅いといわれる．しかし最適化においては，Pythonは主にモデルの作成（モデリング）に用い，最適化アルゴリズムの実行にはC++などで記述された専用のソフトウェア（ソルバー）を用いる．このため，最適化でPythonを利用しても，実行時間はあまり問題とならない．

最適化のモデリングでは，主にPuLPとpandasのライブラリーを利用できる．PuLPは，数理モデリングのライブラリーであり，pandasはデータ分析のライブラリーである．pandasは，モデルに含まれるデータの中で表で表現できるものを扱うのに適しており，複雑な処理をわかりやすく記述できる．また，pandasは内部でNumPyを利用している．NumPyは，CやFortranで書かれた高度に最適化された線形代数ライブラリーを使用しており，行列計算を効率よく計算できる．PuLPについては第4章，pandasについては第5章で詳しく解説する．

> ### コラム：最適化の関連分野
>
> 　最適化の関連分野の一つであるオペレーションズ・リサーチ (Operations Research: OR) は，数理的アプローチに基づく問題解決学である[*21]．数学を使って現実の問題を解決することを目的とし，数理最適化，待ち行列，確率，シミュレーション，PERT，AHP，データマイニング，ゲーム理論，ロジスティクス，サプライチェーン・マネジメントなどの分野がある．
>
> 　数理最適化は，OR の中でも研究者が多い．最近では，ソフトウェア性能向上とハードの性能向上の相乗効果により，これまで解けなかったような問題も解けるようになってきている．詳細については，参考文献 [10]『ヒラノ教授の線形計画法物語』を参考にされたい．また，OR を使った仕事のやり方については，9.1 節を参照されたい．

[*21] 公益社団法人日本オペレーションズ・リサーチ学会
http://www.orsj.or.jp/

オペレーションズ・リサーチとは
http://www.orsj.or.jp/whatisor/whatisor.html

第2章
Pythonで最適化を解くための環境構築

　環境構築については付録扱いになっている書籍が多いが，著者は手を動かすことが理解の早道だと考えているので，本書では，サンプルコードを実行するための準備を最初に説明する．実行環境は，著者が利用している macOS で確認している．なお，プログラム自体は OS 特有の機能は使っていないので，Windows でも Linux でも同じように稼働する．

2.1 Pythonのインストール

　OS に応じて，下記を参考にインストールする．

https://www.python.jp/install/install.html

　ここでは，macOSでのインストール方法を説明する．macOSでは，Python2 は最初からインストールされているが，本書では Python3 を使うので，そのインストール方法を説明する．なお，インストールには，インターネット接続が必要である．

　まず，Homebrew をインストールする．LaunchPad からターミナルを起動し，次の通り実行する．

```
/usr/bin/ruby -e "$(curl -fsSL https://raw.githubuser\
content.com/Homebrew/install/master/install)"
```

　次に，Python3 をインストールする．ターミナルで，次の通り実行する．

```
brew install python3
```

Python3 を実行する場合は，`python3` コマンド[*1] を使う．単に `python` コマンドだけでは，Python2 が実行されるので注意する．バージョンは，`python3 -V` コマンドで確認できる．なお，Windows など macOS 以外の OS では，`python3` コマンドが存在しないこともある．`python -V` コマンドで 3.7.1 のように表示される場合は，`python3` コマンドの代わりに `python` コマンドを使う．

[*1] 本書では，ターミナルに打ち込んで実行する命令をコマンドと呼ぶ．

2.2 ライブラリーのインストール

Python ではライブラリーを追加することで，多彩な機能を利用できる（図 2.1）．

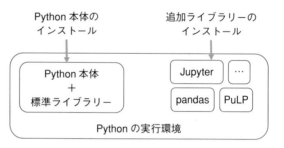

図 2.1 Python の実行環境

ライブラリーのインストールには，`pip3` コマンドを用いる．`pip` コマンドだと，Python2 の環境にインストールされるので注意する．ただし，`python -V` コマンドで 3.7.1 のように表示される場合は，`pip3` コマンドの代わりに `pip` コマンドを使う．

本書で使用しているライブラリーのバージョンを指定してインストールしたい場合は，ターミナルで次のコマンドを実行する[*2]．

```
pip3 install -r https://raw.githubusercontent.com\
/SaitoTsutomu/opt-model-book/master/requirements.txt
```

[*2] 管理者権限が必要な場合は，コマンドの前に `sudo` をつければよい．あるいは `--user` オプションをつけることで，管理者権限がなくてもインストールできる．

最新版をインストールする場合は，次のコマンドを実行する[*3]．

```
pip3 install -U pip
pip3 install pulp pandas networkx jupyter matplotlib
pip3 install jupyter_contrib_nbextensions
pip3 install more-itertools pillow ortoolpy dual japanmap
```

[*3] Windows では，`pip3 install -U pip` の代わりに `python -m pip install -U pip` とする．

本書で利用するライブラリーを表 2.1 に示す[*4]。

*[*4] jupyter_contrib_nbextensions については 3.3 節の「拡張機能」を参照されたい.*

表 2.1 本書で利用するライブラリー

ライブラリー	読み方	説明	バージョン
Jupyter	ジュピター	ブラウザーで稼働する Jupyter Notebook という実行環境が使える。本書では，Jupyter Notebook 上で最適化モデルを作成，実行，結果の確認を行う。	1.0.0
PuLP	パルプ	最適化モデルの作成に必要である.	1.6.9
pandas	パンダス	データ分析用のライブラリー．最適化モデルの作成に使う.	0.23.4
NumPy	ナンパイ	多次元配列のライブラリー．pandas で利用している.	1.15.4
NetworkX	ネットワークエックス	グラフの作成や最適化問題を解くのに使う.	2.2
matplotlib	マットプロットリブ	グラフの描画に用いる.	3.0.2
more-itertools	モアイターツールズ	繰返し関連のさまざまなツール.	4.3.0
pillow	ピロウ	画像処理に用いる.	5.3.0
ortoolpy	オーアールツールパイ	著者作成のライブラリー．変数作成に使う.	0.2.22
dual	デュアル	著者作成の双対問題を求めるライブラリー.	0.0.8
japanmap	ジャパンマップ	著者作成の県の情報や日本地図関連のライブラリー.	0.0.16

　表 2.1 のうち，PuLP には無料のソルバー CBC が付属している．これは Eclipse Public License で，商用利用も可能である．CBC は無料とはいえ，変数の数や制約条件の数に制限がなく，性能もそれなりに良い．PuLP では，CBC 以外にも色々なソルバーが使える．

　以下の通り `pulp.pulpTestAll()` と実行すると，PuLP のインストールがきちんとできているかを確認できる[*5]．このときに利用可能なソルバーも出力される．

In [ ]:
```
import pulp
pulp.pulpTestAll()
```

*[*5] `import` ライブラリー とすることで，そのライブラリーが利用できる．PuLP を利用したい場合，`import pulp` と記述する.*

```
                Testing zero subtraction
                Testing continuous LP solution
中 略
                Testing elastic constraints (penalty unbounded)
* Solver pulp.solvers.PULP_CBC_CMD passed.
Solver pulp.solvers.CPLEX_DLL unavailable
Solver pulp.solvers.CPLEX_CMD unavailable
Solver pulp.solvers.CPLEX_PY unavailable
Solver pulp.solvers.COIN_CMD unavailable
Solver pulp.solvers.COINMP_DLL unavailable
Solver pulp.solvers.GLPK_CMD unavailable
Solver pulp.solvers.XPRESS unavailable
Solver pulp.solvers.GUROBI unavailable
Solver pulp.solvers.GUROBI_CMD unavailable
Solver pulp.solvers.PYGLPK unavailable
Solver pulp.solvers.YAPOSIB unavailable
```

　上記の例では，アスタリスクのついているCBC（`PULP_CBC_CMD`）のみ利用できる．

　次章から，これらのライブラリーを用いた最適化の方法を解説する．

第3章
Jupyter Notebookの使い方

　本書では，Jupyter Notebookを実行環境とし，著者が用意したプログラムを使って，実際に手を動かしながらPythonを使った最適化を習得していく．そこで，まずその準備をしよう．

　Jupyter Notebook[*1]は，ブラウザーで稼働する実行環境である．プログラムソース，図を含む実行結果，マークダウンなどを一元管理でき，データ分析などで広く使われている．本書では，Jupyter Notebook上で最適化モデルを作成，実行し，結果の確認を行う．

[*1] http://jupyter.org/

　下記のURLから本書の**サンプルプログラム**をダウンロードできる．

https://github.com/SaitoTsutomu/opt-model-book/raw/master/zip/notebooks.zip

　なお，ブラウザーでダウンロードする場合は，下記URLをブラウザーで開いてDownloadボタン（図3.1）を押す．

https://github.com/SaitoTsutomu/opt-model-book/blob/master/zip/notebooks.zip

図 3.1　Downloadボタン

　zipファイルの解凍は，macOSの場合は，ファイルをダブルクリックして解凍できる．Windowsの場合は，ファイルを右クリックして，「すべて展開」を選ぶ．なお，ターミナルで下記を実行すると，Pythonを使ってファイルを

ダウンロードして解凍できる．

```
python3 -c "with __import__('requests').get('https:\
//github.com/SaitoTsutomu/opt-model-book/raw/master\
/zip/notebooks.zip') as r, __import__('zipfile').ZipFile(\
__import__('io').BytesIO(r.content)) as z: z.extractall()"
```

3.1 Jupyterの使い方

Jupyter Notebookの起動方法

Jupyter Notebookを起動するには，ターミナルで解凍したサンプルプログラムのフォルダnotebooksに移動し，次のコマンドを実行する．

```
jupyter notebook
```

ブラウザーが起動し，図3.2左のような画面が表示されるので，index.ipynbをクリックする．パスワードの入力を要求された場合は，画面に従い入力する．

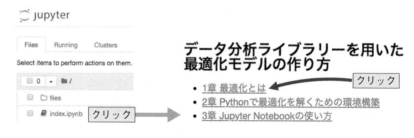

図 3.2 起動画面

本書の目次の一部が表示されるので，章タイトルをクリックする（図3.2右）．

セルの見方と実行方法

Jupyter Notebookのファイルは複数の**セル**で構成され，セル単位で実行する．セルには，図3.3に示すように4つの部分がある[2]．

- 入力部分：`In [1]:`がある箇所[3]
- 標準出力への出力部分：1 + 2 = 3と表示されている箇所
- セル内で最後に実行された結果の出力部分[4]：`Out [1]:`がある箇所

---

[2] 必ず3つの出力があるわけではない．出力のコマンドがないと出力されない．

[3] (4, 2.5)のように丸括弧でくくられた集まりを**タプル**という．また，[2, 1, 3, 2]のように角括弧でくくられた集まりを**リスト**という．リストは要素を変更できるが，タプルはできない．

[4] セルの最後にオブジェクトを記述し，実行して結果を表示することを，**オブジェクトを評価する**という．

- 画像などの出力部分

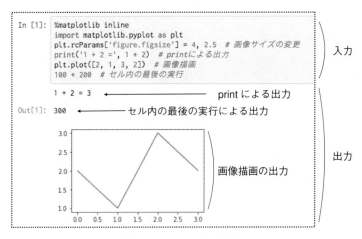

図 3.3 セルの構成要素

本書では，この 4 つを以下のように表記する[*5]．

In [ ]:

```
%matplotlib inline
import matplotlib.pyplot as plt
plt.rcParams['figure.figsize'] = (4, 2.5) # 画像サイズの変更
print(1 + 2)   # printによる出力
plt.plot([2, 1, 3, 2])   # 画像描画
100 + 200   # セル内の最後の実行
```

1 + 2 = 3

Out [ ]:

300

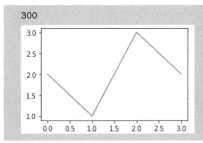

[*5] 入力プログラムの中味はサンプルなので，この段階では全てを理解しなくても大丈夫である．%matplotlib inline については，後述のマジックコマンドを参照されたい．

出力の**表示状態**は，全て表示（デフォルト），一部だけ表示（長い場合，スクロールして確認可能），非表示の3つから選べる．セルの左側の Out [ ]: の部分をクリックすると，**全て表示**と**一部だけ表示**を切り替えられる．ダブルクリックすると非表示になり，非表示のときにクリックすると全て表示になる．

セルをクリックすると，セルを選択できる．このとき**編集モード**と**コマンドモード**の2つのモードがあり，カーソルの有無で区別できる（図3.4）．

| 編集モード | In [ ]: | |
| コマンドモード | In [ ]: |

図 **3.4** セルのモード

編集モードでは，選択されているセルが**緑**で囲まれ，カーソルが表示される．Esc キーでコマンドモードに移る．コマンドモードでは，選択されているセルが**青**で囲まれ，カーソルは非表示であり，Enter キーで編集モードに移る．セルに入力する場合は，編集モードを使用する．

セルの種類は，以下の4つである．

- Code：コードなどを実行するためのもの
- Markdown：マークダウンを記述するためのもの（後述）
- Raw NBConvert：生テキスト（本書では用いない）
- Heading：ヘッダー（本書では用いない）

コマンドモードでキー入力するとセルの種類が変わることがあるが[6]，ツールバーのプルダウンリストで切り替えられるので，慌てずに戻せばよい．なお，ショートカットキーでもセルの種類を切り替えることができ，著者は以下のショートカットキーを使用している．

[6] 1～6 の数字キーだとセルの1行目が変わってしまうので注意．

- y キー：Code に切り替える．
- m キー：Markdown に切り替える．
- l キー：行番号の表示/非表示を切り替える．セルの種類は変更しない．

ショートカットキーは，コマンドモードと編集モードで異なる．ショートカットキーの種類は，コマンドモードで h キーを押して確認できる．

セルを実行するには，セルを選択して Shift キー ＋ Enter キーを押す．メニューやツールバーからも実行できるが，このショートカットキーを覚えると快適に操作できる．

```
In [1]: 100 + 200      Shift キー ＋ Enter キーを押す
Out[1]: 300
```

セルは必ずしも上から順番に実行する必要はなく，どこから実行してもよい．Cell メニューの Run All で，全てのセルを実行できる．また，`!ls` のように！で始めると，OS のコマンドをセルから利用できる．

Notebook には，セルの入力だけでなく画像も含めた出力も保存される．作業が途中の場合は，「保存して終了」後に再度開けば，続きを作業できる．ただし，メモリーの状態は保存されない[*7]．なお，Kernel メニューの Restert でカーネルをリスタートでき，キャッシュせずに import し直したいときに使える[*8]．

セルの入力時には，途中までコマンドを入力すると，残りの入力を**補完**してくれる機能がある．たとえばセルに pr と入力し，Tab キーを押してみよう．図 3.5 のように選択肢が一覧で表示され，下矢印キーで print を選んで Enter キーを押すと確定できる．なお，選択肢が 1 つのときは一覧なしで補完できる．逆に選択肢が多いときは，選択肢をマウスでスクロールできる．

図 3.5 補完機能

また，セルを編集中に，インラインでメソッドのヘルプを確認できる．エディットモードで，セルで print のところにカーソルがある状態で，Shift キー ＋ Tab キーを押すと簡単なヘルプが，Shift キー ＋ Tab キーを続けて 2 回押すと詳しいヘルプが表示される．必ず覚えよう．

下記のようにセル内に?を入力し実行すると，画面下部にヘルプを表示できる．画面下部の表示は，Esc キーか右上の×ボタンを押すと閉じる．

[*7] 最初から実行し直せばよい．あるいは，マジックコマンド`%store`を使う方法もある．

[*8] カーネルは，Python を実行するプロセスである．リスタートするとメモリーはクリアされる．

```
?
```

下記のように，??を使うとPythonのソースプログラムを確認できる．

```
plt.plot??
```

関数名やメソッド名[*9]などが一部不明の場合も，下記のようにアスタリスク(*)を使うと一覧を表示できる．

```
plt.pl*?
```

[*9] 本書では，オブジェクトを通して呼ぶ関数をメソッドと表記している．ただし，見出しでは関数で統一している．

Notebookの保存と終了

Notebookは2分ごとに自動保存されるが，手動で保存したい場合は，Commandキー＋Sキー (macOS) あるいはAltキー＋Sキー (Windows) を押せばよい．

また，プロセスを終了する際は，必要であればNotebookを保存し，ブラウザーを閉じた後，jupyter notebookを実行したターミナルでControlキー＋Cキーを2回押す．

3.2 マジックコマンド

マジックコマンド[*10]とは，Pythonコードとは別のJupyter[*11]で利用できるコマンドである．%で始まるコマンドをラインマジックコマンドといい，1行に対し有効である．また%%で始まるコマンドをセルマジックコマンドといい，1セルに対し有効である．以下では，有用なマジックコマンドをいくつか紹介する．

なお，セルで`%magic`と書いて実行すると，マジックコマンドの詳しいヘルプが表示される．マジックコマンドの一覧が見たい場合は，`%magic -brief`とすればよい．関数と同じくマジックコマンド?で該当コマンドのヘルプを表示する．

[*10] http://ipython.readthedocs.io/en/stable/interactive/magics.html

[*11] マジックコマンドは，Jupyterのカーネルで実行されているIPythonの機能である．

変数一覧

`%whos`で変数の一覧を確認できる．

変数の保存

`%store`で変数を保存したり戻したりできる．

- `%store` 変数：変数をハードディスク上のDBに保存する．
- `%store -r`：DBから変数を戻す．
- `%store -d` 変数：変数をDBから削除する．
- `%store -z`：全ての変数をDBから削除する．
- `%store`：DBに保存されている変数の一覧表示する．

計算時間の測定（1行を1回）

行の先頭に`%time`を書くと，簡単に実行時間を計算できる．以下に例を示す．

In [ ]:

```
import numpy as np
%time data = np.random.rand(1000)
```

```
CPU times: user 34 µs, sys: 3 µs, total: 37 µs
Wall time: 40.1 µs
```

以上から，1行を1回実行した計算時間が40.1マイクロ秒（10^{-6}秒）であることがわかる．なお，`np.random.rand`は，行列計算ライブラリーであるNumPyの一様乱数を発生させる関数である[*12]．

[*12] https://docs.scipy.org/doc/numpy/reference/generated/numpy.random.rand.html

計算時間の測定（1セルを1回）

セルの先頭に`%%time`と書くと，以下のようにそのセルの実行時間を計測する．

In [ ]:

```
%%time
data = np.random.rand(1000)
data = np.random.rand(1000)
```

```
CPU times: user 52 µs, sys: 12 µs, total: 64 µs
Wall time: 60.1 µs
```

以上から，1セル（2行）を1回実行した計算時間が60.1マイクロ秒であることがわかる．乱数発生以外のオーバーヘッドがあるため，2倍の計算時

間にはなっていない．

計算時間の測定（1 行を複数回）

オーバーヘッドの影響を少なくするために，特定の 1 行を複数回実行して，計算時間を測定できる．行の先頭に %timeit と書く．以下に例を示す．

In [ ]:

```
%timeit data = np.random.rand(1000)
```

```
10.6 μs  ±  306 ns per loop
 (mean  ±  std. dev. of 7 runs, 100000 loops each)
```

以上から「10 万回の平均時間」の 7 個分の結果が「平均 10.6 マイクロ秒，標準偏差 306 ナノ秒」であることがわかる．70 万回も繰り返す必要がない場合，繰返し回数や取得する上位の数を指定できる．

In [ ]:

```
%timeit -n2000 -r5 data = np.random.rand(1000)
```

```
12.6 μs  ±  1.08 μs per loop
 (mean  ±  std. dev. of 5 runs, 2000 loops each)
```

ここでは，「2000 回の平均時間」の 5 個分の結果を表示している．%%timeit でセルを複数回実行して計算時間を測定できるが，本書では用いない．%timeit や %%timeit で設定された変数は，以降では使えないことに注意されたい．

グラフのインライン描画指定

本書では，matplotlib を用いてグラフ描画を行っている．描画方法は，以下のマジックコマンドで指定する必要がある．

- %matplotlib：別画面に描画する．
- %matplotlib inline：Notebook 内にインラインで描画する．

セルの実行後に描画指定が有効になる．本書では，Notebook の冒頭に次のように記述する．

In [ ]:
```
%matplotlib inline
import matplotlib.pyplot as plt
```

モジュール matplotlib.pyplot は，色々な描画コマンドで使用する．as plt をつけて plt という別名を定義することで，たとえば matplotlib.pyplot.show を plt.show のように短く書ける．

解像度の切替

マジックコマンド%configで各種設定をできる．以下に，グラフの解像度の指定方法を示す．

- 高解像度：%config InlineBackend.figure_formats = {'png', 'retina'}
- 低解像度：%config InlineBackend.figure_formats = {'png'}

セル内でのデバッガの起動

エラーが出た場合，マジックコマンド%debug でデバッグ実行できる．使いやすいとはいえないが，変数の値を確認できて便利である．q コマンドで終了しなければ，他のセルで実行できなくなるので注意が必要である．なお，コマンドの h(elp) は，help と h のどちらも使えることを表している．

- h(elp)：ヘルプの表示．コマンドを引数にすると，コマンドのヘルプ．
- l(ist) 行番号：指定行の周辺の表示．行番号を省略すると現在の行．
- b(reak) 対象：対象の行や関数に来たら停止．
- c(ontinue)：実行を続ける．
- n(ext)：現在行だけ実行する．
- p 変数（または pp 変数）：変数の値の表示．
- a(rgs)：実行中の関数の引数を表示．
- s(tep)：現在行の関数の中に入る．
- u(p)：呼出し階層を上がる．
- d(own)：呼出し階層を下がる．
- w(here)：呼出し履歴の表示．
- q(uit)：デバッガを終了する．

双対問題

マジックコマンド`%%dual`で，以下のように双対問題を表示できる．ただし，ライブラリーdualで定義されているので，`import dual`が必要である．次のように使う．詳細は，9.11節を参照されたい．

In [ ]:

```
%%dual
min c^T x
A x >= b
x >= 0
```

```
max b^T y
A^T y <= c
y >= 0
```

3.3 Jupyterに関する補足

マークダウン

セルの種類をMarkdownにすると，セルにマークダウンを記述できる．マークダウンとは，表3.1のようなシンプルなルールの文章の記述方法である．TeXの数式や画像なども扱える．

セルに下記のように入力して実行すると，図3.6のように表示される．

```
左寄せ|中央|右寄せ
:--|:--:|--:
ABC|DEF|GHI
```

左寄せ	中央	右寄せ
ABC	DEF	GHI

図 3.6　マークダウン

表 3.1　マークダウンの記法

書式	説明
# タイトル	見出し 1
## タイトル	見出し 2
### タイトル	見出し 3
文字	斜体
文字	強調
- 文	箇条書き．先頭にスペースを入れると入れ子にできる．1. のようにすると，数字の箇条書き．
$数式$	インライン数式
$$数式$$	ディスプレイ数式
\`コード\`	インラインコード
\`\`\`コード\`\`\`	ブロックコード
□□□□コード[*13]	スペース 4 つごとにインデントされる．
---	水平線
[文字](リンク)	リンクつき文字
	画像（文字はなくてもよい）

[*13] 「□」は半角スペースを表す．

拡張機能

nbextensions ライブラリーを追加でインストールすると，Jupyter の機能を拡張できる[*14]．多くの機能が用意されているが，下表に簡単にいくつか紹介する．インストール後の選択画面に詳しい説明がある．

名称	説明
Code prettify	コードを見やすく整形する．
Ruler	行が長くなりすぎないように基準を表示する．
Scratchpad	ポップアップで一時的なセルを表示する．
Snippets Menu	定型句を挿入可能にする．
Variable Inspector	変数と値の一覧表示する．
zenmode	表示をシンプルに変更する．

[*14] インストール方法と設定方法：https://github.com/ipython-contrib/jupyter_contrib_nbextensions

第4章
PuLP の使い方：最適化モデルを作る

　最適化問題を解くためには，まず最適化モデルを作成し，次にソルバーを呼び出して解を得るというステップを踏む．ソルバーは，最適化モデルを入力とし，モデルを解いて，変数の値（解）を出力とするソフトウェアである（図 4.1）．

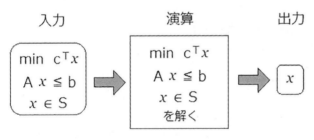

図 4.1　ソルバーの入出力

　PuLP[*1] は COIN プロジェクトで作成されたモデルを作るためのソフトウェア（モデラー）である．本書では，この PuLP を使って解説する．PuLP では，CBC, Gurobi, GLPK など色々なソルバーが使えるが，デフォルトは，CBC である．PuLP をインストールすると，CBC も同時にインストールされる．インストールについては第 2 章を参照されたい．

　PuLP で扱える問題は，混合整数最適化問題である．混合整数最適化問題は数理最適化問題の一種で，連続変数（実数）と離散変数（整数）を使って表現され，目的関数と制約条件が 1 次式であるという特徴を持つ．

[*1] http://pythonhosted.org/PuLP/

4.1 良いモデルとは

良いモデルの特徴を3つ挙げてみる．1つ目は，得られた解を実際に適用でき，その結果，狙っていた効果が上がることである．そのためには，必要な制約条件が盛り込まれており，実施可能なモデルになっている必要がある．2つ目は，シンプルであることである．これにより，一般的に汎化性能（色々な問題に対する性能）が高くなり，また，わかりやすく修正しやすいモデルとなる．3つ目は，計算時間が短いことである．これを実現するためには，アプローチが良く，強い定式化ができている必要がある．

このようなモデルを作るにはどうしたらよいだろうか？　たとえば，学習だけでなく，実際に問題を解決する，上手い人の真似をする，たくさんのモデルを知る，などのアイデアが挙げられる．本書では，たくさんのモデルを紹介しているので，ぜひ実際に動かしてみてほしい．

4.2 PuLP の使い方

早速，次の問題を考えてみよう．

問題

材料 A と B から合成できる化学製品 X と Y をたくさん作成したい．

X を 1kg 作るのに，A が 1kg，B が 3kg 必要である．Y を 1kg 作るのに，A が 2kg，B が 1kg 必要である．また，X も Y も 1kg 当りの価格は 100 円である．

材料 A は 16kg，B は 18kg しかないときに，X と Y の価格の合計が最大になるようにするには，X と Y をどれだけ作成すればよいか求めよ．

問題を数理モデルで表すと図 4.2 のようになる．このように数理モデルを式で表現することを，**定式化**するという．

変数	: $x, y \geqq 0$
目的関数	: $100\,x + 100\,y \to$ 最大化
制約条件	: $x + 2y \leqq 16$
	$3x + y \leqq 18$

図 **4.2**　定式化

これを PuLP でモデル化すると，以下のようになる．

In [ ]:

```
from pulp import LpProblem, LpMaximize, LpVariable, value
m = LpProblem(sense=LpMaximize)  # 数理モデル
x = LpVariable('x', lowBound=0)  # 変数
y = LpVariable('y', lowBound=0)  # 変数
m += 100 * x + 100 * y  # 目的関数
m += x + 2 * y <= 16  # 材料Aの上限の制約条件
m += 3 * x + y <= 18  # 材料Bの上限の制約条件
m.solve()  # ソルバーの実行
print(value(x), value(y))  # 4, 6
```

以下，順を追って簡単に説明する．

ライブラリーのインポート

まず，PuLP ライブラリーから必要なものをインポートする．

```
from pulp import LpProblem, LpMaximize, LpVariable, value
```

数理モデルの作成

次に，この例は最大化問題なので，以下のように記述する．

```
m = LpProblem(sense=LpMaximize) # 数理モデル
```

なお，最小化問題の場合は，以下のように記述する．

```
m = LpProblem() # 数理モデル
```

変数の作成[*2]

化学製品 X と Y の作成量を決める変数 x と y は，0 以上の連続変数（**非負変数**）なので，以下のように記述する．変数名は，必ず異なるようにしなければならない．

```
x = LpVariable('x', lowBound=0) # 変数
y = LpVariable('y', lowBound=0) # 変数
```

なお，他の種類の変数は以下のように記述する．

- 連続変数（**自由変数**）：任意の連続変数（負もOK）

[*2] モデルや変数は，後述の ortoolpy ライブラリーを使うとより簡単に作成できる．

```
x = LpVariable(変数名)
```

- 0-1 変数：0 または 1 のバイナリー変数

```
x = LpVariable(変数名, cat=LpBinary)
```

- 連続変数のリスト

```
x = [LpVariable(変数名_i, lowBound=0) for i in range(n)]
```

- 0-1 変数のリスト

```
x = [LpVariable(変数名_i, cat=LpBinary) for i in range(n)]
```

目的関数の設定

目的関数の設定は，以下のように「m += 式」と記述する．

```
m += 100 * x + 100 * y    # 目的関数
```

2度以上設定した場合でも，最後のコードだけ有効となる．設定した目的関数は，m.objective で参照できる．

制約条件の追加

制約条件の追加は以下のように記述する．

```
m += x + 2 * y <= 16    # 材料Aの上限の制約条件
m += 3 * x + y <= 18    # 材料Bの上限の制約条件
```

なお，以下のように3種類の記述方法が使える．

```
m += 式 == 式
m += 式 <= 式
m += 式 >= 式
```

式では，変数の合計や，係数と変数の内積を書くことが多い．その場合，下記のように記述する．

```
from pulp import lpDot, lpSum
lpSum(変数のリスト)    # 和の書き方
lpDot(係数のリスト, 変数のリスト)    # 内積の書き方
```

ソルバーの実行

ソルバーを実行するには，下記のように記述する．

```
m.solve()  # ソルバーの実行
```

なお，ソルバーを実行した結果のステータスは，下記のようにして確認できる．

```
from pulp import LpStatus
m.status           # 実行した結果の整数値
LpStatus[m.status] # 実行した結果の文字列
```

ステータスの整数値と文字列の対応は，表 4.1 のようになる．

表 4.1 結果のステータス

整数値	文字列	説明
1	Optimal	MIP gap（後述）内での厳密解が得られた．
−1	Infeasible	実行可能領域が空
−2	Unbounded	非有界（いくらでも最適解を良くできる）
0	Not Solved	時間制限で止めた場合など（実行可能解の場合もある）
−3	Undefined	PuLP で判断できない場合 [*3]

[*3] PuLP 1.6.8 では，混合整数最適問題で CBC が Infeasible の場合バグで Undefined と出るが，著者の Pull Request が採用され，PuLP1.6.9 では解消されている．

変数や式や目的関数の値

変数の結果は，下記のように確認できる（図 4.3）．

```
print(value(x), value(y))  # 4, 6
```

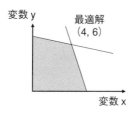

図 4.3 実行可能領域と最適解

なお，一般の変数や式や目的関数の値は，以下のようにして確認できる．

```
value(変数)
value(式)
```

```
value(m.objective)   # 目的関数の値
```

> ## コラム：変数名に注意
>
> PuLPでは，変数名を必ず異なる名前にしなければならない．同じ名前の変数があると，solveメソッドを実行したときによくわからないエラー(PulpSolverError)になる．確認してみよう．
>
> In [ ]:
> ```
> from pulp import (LpProblem, LpMaximize, LpVariable,
>                   PulpSolverError)
> m = LpProblem(sense=LpMaximize) # 数理モデル
> x = LpVariable('x', lowBound=0) # 変数
> y = LpVariable('x', lowBound=0) # 変数
> m += 100 * x + 100 * y # 目的関数
> m += x + 2 * y <= 16 # 材料Aの上限の制約条件
> m += 3 * x + y <= 18 # 材料Bの上限の制約条件
> try:
>     m.solve() # ソルバーの実行
> except PulpSolverError as e:
>     print(e)
> ```
>
> Pulp: Error while executing … 略
>
> このように変数 x と y の名前が両方とも'x'になっているため，エラーとなる．
>
> また，変数名は計算時間にも影響する．変数のリストを作成する場合，通常は変数名が重ならないように [LpVariable('x%d' % i) for i in range(n)] のように記述するだろう．しかし，著者の経験上 [LpVariable('x%.6d' % i) for i in range(n)] と記述した方がソルバーの計算時間が短くなる．場合によっては数十倍短縮されるので，覚えておくとよいだろう．これは，変数のリストの名前が辞書式順序になっていないと計算の効率が悪くなることが原因と考えられる．

コラム：lpSum 関数を使おう

変数リストの合計には，lpSum 関数を使う．sum 関数でも正しく計算できるが，時間がかかる．リストの個数が n 個のときの計算時間は，lpSum は n に比例し，sum は n^2 に比例する．リストを [x0, x1, x2, x3] とすると，sum では次のようにメモリーを確保するからだ．

```
tmp = x0           # x0の分のメモリー
tmp = tmp + x1     # x0 + x1の分のメモリー
tmp = tmp + x2     # x0 + x1 + x2の分のメモリー
tmp = tmp + x3     # x0 + x1 + x2 + x3の分のメモリー
```

実行して確認してみよう．

In [ ]:

```
from pulp import LpVariable, lpSum, value
for i in [1000, 2000, 5000]:
    v = [LpVariable('v%d'%i) for i in range(i)]
    print(i)
    %timeit lpSum(v)
    %timeit sum(v)
```

```
1000
947 μs ± 39.3 μs per loop (mean ± std. dev. of 7
   runs, 1000 loops each)
331 ms ± 14.1 ms per loop (mean ± std. dev. of 7
   runs, 1 loop each)
2000
1.88 ms ± 55.3 μs per loop (mean ± std. dev. of 7
   runs, 1000 loops each)
1.28 s ± 52.6 ms per loop (mean ± std. dev. of 7
   runs, 1 loop each)
5000
4.46 ms ± 49.9 μs per loop (mean ± std. dev. of 7
   runs, 100 loops each)
7.6 s ± 30.4 ms per loop (mean ± std. dev. of 7
   runs, 1 loop each)
```

グラフで見てみよう（図 4.4）．

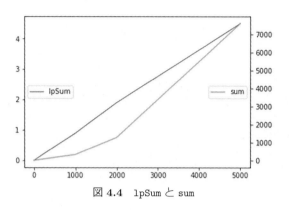

図 4.4 lpSum と sum

このように，リストの個数が 5000 個のとき，lpSum は 4.5 ミリ秒だが，sum は 7.6 秒と，1700 倍かかっていることがわかる．

4.3 ソルバーについて

モデルを作成したら，ソルバーを使って解（変数の値）を求める．PuLP では，下記のソルバーを含む色々なソルバーを扱える．基本的にモデル作成には同じコードを使えばよく，solve メソッドの引数を変えるだけで，ソルバーを変更できる．

- **CBC**：COIN プロジェクトの無料ソルバー (COIN-OR Branch and Cut)[4]
- **Gurobi**：高性能な商用ソルバー[5]
- **CPLEX**：高性能な商用ソルバー[6]
- **GLPK**：GNU 製の無料ソルバー[7]

実行は，m.solve メソッドにソルバーオブジェクトを渡すことで，ソルバーを指定できる．何も指定しなければ，ソルバーは CBC になる．なお，ソルバーオブジェクトとは，ソルバーのオプション[8] を管理するオブジェクトである．利用可能なソルバーオブジェクトは，import pulp して pulp.pulpTestAll() で確認できる．以下にソルバーオブジェクトの作成例を示す．

- CBC（デフォルトのソルバー）：pulp.PULP_CBC_CMD()
- GUROBI：pulp.GUROBI_CMD()

[4] https://www.coin-or.org/Cbc/

[5] http://www.gurobi.com/

[6] http://www.cplex.com

[7] http://www.gnu.org/software/glpk/

[8] 本書では，CBC などのソフトウェアで設定できる項目や，Python の関数の引数のことをオプションと呼ぶことがある．

- CPLEX：pulp.CPLEX_CMD()
- GLPK：pulp.GLPK_CMD()

色々なソルバーを指定するsolveメソッドの実行例

以下に，色々なソルバーの指定方法を示す．

```
from pulp import PULP_CBC_CMD,GUROBI_CMD,CPLEX_CMD,GLPK_CMD
# デフォルトのソルバーCBCを利用
m.solve()

# ファイル形式としてLPを指定
m.solve(use_mps=False)

# GUROBIを利用
m.solve(GUROBI_CMD())

# CPLEXを利用
m.solve(CPLEX_CMD())

# GLPKを利用
m.solve(GLPK_CMD())

# CBCでオプションを指定
cmd = PULP_CBC_CMD(maxSeconds=1,fracGap=0.01,keepFiles=True)
m.solve(cmd)
```

以下に，solveメソッドのパラメーターを示す．

- 指定なし：デフォルトのCBCソルバーが使われる
- ソルバー指定（PULP_CBC_CMD()）：CBCソルバーを使う．
- ファイル形式（use_mps=True）：MPSフォーマットを使う．デフォルト．
- ファイル形式（use_mps=False）：LPフォーマットを使う．

以下に，PULP_CBC_CMDのパラメーターを示す．

- maxSeconds：打切り計算時間を秒で指定する．この指定時間を超えたキリのいいところで打ち切り，途中解があれば出力する．
- fracGap：解の良さの指標MIP gapを指定する．0.01の場合，|得られた解の目的関数の値 − 厳密解の目的関数の値| / 厳密解の目的関数の値 が0.01以下になる．

- keepFiles：一時ファイルを削除しない．入出力ファイルを確認したいときに使う．

MIP gap とは

　MIP gap とは，MIP（混合整数最適化）ソルバーのパラメーターであり，厳密解と差の許容値を表す．gap ≤ MIP gap を満たしたときに計算を終了してよいという設定であり，MIP gap = 0 は厳密解を求めることを意味する．MIP gap を大きくすると解の精度は悪くなるが，計算時間は短くなる傾向がある．なお，CBC は MIP ソルバーでもあり LP ソルバーでもあるが，LP として解いている場合は，MIP gap は無関係である．MIP や LP については第 1 章を参照されたい．

　ここで，最小化問題の解空間の図 4.5 で gap を説明する．図の縦軸は目的関数のベクトルを表しており，下方向が最適とする（最小化のイメージ）．MIP の実行可能領域は，一般的に凸ではない．そこで，線形緩和などの**緩和問題**を作る．緩和問題は比較的簡単に解けるが，元の問題とは異なるため，解の目的関数の値は下界になる．このとき，gap を「**現在の解の目的関数の値（現在の解の値）と下界との差**」/下界とする．また，厳密解の目的関数の値（厳密解の値）は，現在の解と下界の間にあるので，現在の「**解の値と厳密解の値の差**」/厳密解の値は，gap 以下であることが保証される．なお，線形緩和問題については，9.7 節を参照されたい．

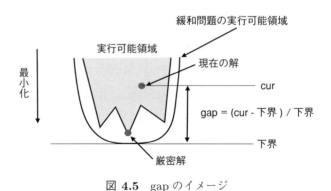

図 4.5　gap のイメージ

強い定式化とは

　1 つの混合整数最適化問題に対して，A と B の 2 つの定式化があったとする．A の線形緩和問題の実行可能領域が B の線形緩和問題の実行可能領域を真

に含んでいるとき，Bの定式化はAの定式化より強いという．

強い定式化をすると，緩和問題の下界がより厳密解の値に近づくため，ソルバーで効率よく解けるようになる．

4.4 ortoolpyの使い方

ortoolpyは，著者がPuLPを使いやすくするために作成したライブラリーである．ここでは，デフォルト値を持つ一部の引数は説明を省略し，簡単に説明する．下記の典型問題については付録Bを参照されたい．

モデル作成

モデルは，下記のように作成できる．

- `model_min()`：最小化モデルの作成
- `model_max()`：最大化モデルの作成

変数作成

PuLPの`LpVariable`関数で変数を作成すると，多次元配列の作成に手間がかかる．変数名を必ずユニークにするのが（全体をチェックしなければならないので）困難であるといったデメリットがある．

本書で用いる変数表を用いた最適化モデルでは，変数名を気にする必要はない．そのため，変数名を指定せずに多次元配列も簡単に作成できるように，ortoolpyに下記の4種類の関数を用意している．`LpVariable`の`name`オプション以外のオプションは，引数として全て同様に使える．

- `addvar`：非負変数を1つ作成する．
- `addvars`：多次元の非負変数を作成する．各次元のサイズを引数で指定する．あるいは，`pandas.DataFrame`を指定する．
- `addbinvar`：0-1変数を1つ作成する．
- `addbinvars`：多次元の0-1変数を作成する．各次元のサイズを引数で指定する．あるいは，`pandas.DataFrame`を指定する．

なお，自由変数を作成したい場合は，`lowBound=None`オプションをつければよい．`addvars`や`addbinvars`で`pandas.DataFrame`を指定すると，`Var`と

いう列に変数のリストを作成する．

結果作成

変数作成と同様に，`addvals(DataFrame オブジェクト)` とすることで，Val という列に結果のリストを作成する．

区分線形近似

2次式などの非線形の関数を混合整数最適化問題として扱う方法として，区分線形近似がある．これは，曲線（y = f(x)）を折れ線で近似する方法で，下記の2種類がある．

- `addlines(m, curve, x, y)`
  x, y を変数とし，ポイントのリスト curve（折れ線）上だけの制約条件をモデル (m) に追加．内部で 0-1 変数を利用する．
- `addlines_conv(m, curve, x, y, upper=True)`
  折れ線が凸のときに利用できる．0-1 変数は利用しない．線上ではなく，折れ線の上側（upper=True）か下側（upper=False）のみとする．線上だけにする場合，`addlines` が利用できる．

詳細は，7.7 節を参照のこと．

グラフ作成

入出力を CSV ファイルで行うことは多いであろう．`graph_from_table` は，頂点の CSV ファイル名と辺の CSV ファイル名から，NetworkX のグラフを作成する．CSV に含まれる頂点や辺の属性も一緒に取り込んで使うことができ，ファイル名を「[Excel ファイル名] シート名」とすることで，Excel ファイルも扱える．

最大安定集合問題

最大安定集合問題を解く．

```
maximum_stable_set(g, weight='weight')
```

引数：g（グラフ）
出力：最大安定集合の重みの合計と頂点番号リスト

最小頂点被覆問題

最小頂点被覆問題を解く．最大安定集合問題の解に含まれない頂点が解となる．

```
min_node_cover(g, weight='weight')
```

引数：g（グラフ）
出力：頂点番号リスト

最大カット問題

最大カット問題を解く．

```
maximum_cut(g, weight='weight')
```

引数：g（グラフ）
出力：カットの重みの合計と片方の頂点番号リスト

運搬経路問題

運搬経路（配送最適化）問題を解く．定式化して解くので，大規模な問題は解けない．

```
vrp(g, nv, capa, demand='demand', cost='cost')
```

引数：g（グラフ），nv（運搬車数），capa（運搬車容量）
出力：運搬車ごとの頂点対のリスト

巡回セールスマン問題

巡回セールスマン問題を解く．定式化して解くので，大規模な問題は解けない．

```
tsp(nodes, dist=None)
```

引数：nodes（点[*9]のリスト），dist（(i, j)をキー，距離を値とした辞書）
出力：距離と点番号リスト

[*9] dist 未指定時は，座標．

中国人郵便配達問題

中国人郵便配達問題を解く．

```
chinese_postman(g, weight='weight')
```

引数：g（グラフ）
出力：距離と頂点リスト

集合被覆問題

集合被覆問題を解く．

```
set_covering(n, cand, is_partition=False)
```

引数：n（要素数），cand（(重み, 部分集合) の候補リスト）
出力：選択された候補リストの番号リスト

集合分割問題

集合分割問題を解く．

```
set_partition(n, cand)
```

引数：n（要素数），cand（(重み, 部分集合) の候補リスト）
出力：選択された候補リストの番号リスト

組合せオークション問題

組合せオークション問題を解く．要素を重複売却せず，購入者ごとの候補数上限を超えないように，売却金額を最大化する販売先の組合せを探す．

```
combinatorial_auction(n, cand, limit=-1)
```

引数：n（要素数），cand（(金額, 部分集合, 購入者 ID) の候補リスト[*10]），
　　　limit（購入者ごとの候補数上限[*11]）
出力：選択された候補リストの番号リスト

[*10] 購入者 ID はなくてもよい．

[*11] −1 なら無制限．購入者 ID をキーにした辞書も可．

2 機械フローショップ問題

2 台のフローショップ型のジョブスケジュールを求める（ジョンソン法）．

```
two_machine_flowshop(p)
```

引数：p（(前工程処理時間, 後工程処理時間) の製品ごとのリスト）
出力：処理時間と処理順のリスト

勤務スケジューリング問題

勤務スケジューリング問題を解く．

```
shift_scheduling(ndy, nst, shift, proh, need)
```

引数：ndy（日数），nst（スタッフ数），shift（シフト[12]のリスト），
proh（禁止パターン[13]のリスト），need（シフトをキー，日ごとの
必要人数リストを値とする辞書）

出力：日ごとスタッフごとのシフトの番号のテーブル

[12] 1 文字．
[13] シフトの文字列．

ナップサック問題

価値を最大化する荷物の組合せを選択する．

```
knapsack(size, weight, capacity)
```

引数：size（荷物の大きさのリスト），weight（荷物の価値のリスト），
capacity（容量）

出力：価値の総和と選択した荷物番号リスト

ビンパッキング問題

全荷物を詰め込む最小のビン数を列生成法（近似解法）で求める．

```
binpacking(c, w)
```

引数：c（ビンの大きさ），w（荷物の大きさのリスト）

出力：ビンごとの荷物の大きさリスト

2 次元パッキング問題

ギロチンカットで元板からアイテムを切り出す（貪欲法）．

```
TwoDimPackingClass(width, height, items).solve()
```

引数：width（元板の幅），height（元板の高さ），items（アイテムの（横，
縦）のリスト）

出力：容積率と入ったアイテムの (id, 横, 縦, x, y) のリスト

施設配置問題

総距離×量の和の最小化する施設と割当を求める（p-メディアン問題）．

```
facility_location(p, point, cand, func=None)
```

引数：p（施設数上限），point（顧客位置と量のリスト），cand（施設候補位置と容量のリスト），func（顧客位置 index，施設候補 index を引数とする重み関数）

出力：顧客ごとの施設番号リスト

容量制約なし施設配置問題

総距離×量の和の最小化する施設と割当を求める（p-メディアン問題）．

```
facility_location_without_capacity(p, point, cand=None,
                                    func=None)
```

引数：p（施設数上限），point（顧客位置と量のリスト），cand（施設候補位置のリスト[*14]），func（顧客位置 index，施設候補 index を引数とする重み関数）

出力：顧客ごとの施設番号リスト

[*14] None の場合，point と同じ．

2 次割当問題

全ての組合せを全探索し，2 次割当問題を解く．

```
quad_assign(quant, dist)
```

引数：quant（対象間の輸送量），dist（割当先間の距離）

出力：評価値と対象ごとの割当先番号リスト

一般化割当問題

費用最小の割当を解く．

```
gap(cst, req, cap)
```

引数：cst（エージェントごと，ジョブごとの費用のテーブル），req（エージェントごと，ジョブごとの要求量のテーブル），cap（エージェントの容量のリスト）

出力：ジョブごとのエージェント番号リスト

安定マッチング問題

ゲール・シャプレーの方法で安定マッチングを求める．

```
stable_matching(prefm, preff)
```

引数：`prefm`（選好[*15]），`dist`（選好[*16]）
出力：男性優先のマッチング（キー＝女性，値＝男性）

[*15] 男性の順位別の女性．

[*16] 女性の順位別の男性．

ロジスティクス・ネットワーク設計問題

ロジスティクス・ネットワーク設計問題を解く．

図 4.6 物流のイメージ

```
logistics_network(tbde, tbdi, tbfa, dep='需要地',
    dem='需要', fac='工場', prd='製品', tcs='輸送費',
    pcs='生産費', lwb='下限', upb='上限')
```

引数：`tbde`（需要地，製品，需要の列を含む表），`tbdi`（需要地，工場，輸送費の列を含む表），`tbfa`（工場，製品，生産費の列を含む表[*17]）
出力：解の有無，輸送表，生産表

[*17] 生産量の下限，上限の列を含んでもよい．

Union Find （集合の管理用クラス）

集合（グループ）の所属関係を効率的に管理する．`u = unionfind()` のようにオブジェクトを作成して利用する．

メソッド名	説明
`u.find(key)`	キー（key）のグループ代表を返す
`u.unite(keyi, keyj)`	`keyi` と `keyj` を同じグループにする．
`u.issame(keyi, keyj)`	`keyi` と `keyj` が同じグループを返す．
`u.groups()`	グループごとに要素を返す．

PuLP Cheat Sheet

http://pythonhosted.org/PuLP/

PuLPとは
最適化問題から数理モデルを作成し、ソルバーで解くためのPythonのライブラリ

基本サンプル
```python
from pulp import *
m = LpProblem(sense=LpMaximize)
x = LpVariable('x', lowBound=0)
y = LpVariable('y', lowBound=0)
m += 100 * x + 100 * y
m += x + 2 * y <= 16
m += 3 * x + y <= 18
m.solve()
print(value(x), value(y))
```

数理モデル
```
m = LpProblem()         # 最小化
m = LpProblem(sense=LpMaximize)  # 最大化
```

変数
```
LpVariable(名前)  # 自由変数
LpVariable(名前, lowBound=0)  # 非負変数
LpVariable(名前, cat=LpBinary) # 0-1変数
```

数式
```
2 * x + 3
lpSum([x1, x2, x3])      # 合計
lpDot([1, 2], [x1, x2])  # 内積
```

目的関数
```
m += 目的関数  # 追加ではなく設定
```

制約条件
```
m += 数式または数 == 数式または数
m += 数式または数 >= 数式または数
m += 数式または数 <= 数式または数
```

求解
```
m.solve()  # CBC
m.solve(GUROBI_CMD())  # GUROBI
```

結果
```
LpStatus[m.status]  # ステータス
value(m.objective)  # 目的関数値
value(変数)         # 変数値
```

ファイル出力
```
m.writeLP(ファイル名)   # LP形式
m.writeMPS(ファイル名)  # MPS形式
```

IF条件

$f(x) > 0$ ならば $g(x) \le 0$ または $g(x) \le 0$

$\Rightarrow \begin{cases} f(x) \le M * y \\ g(x) \le M * (1-y) \end{cases}$ (yは0-1変数)

最大値の最小化

$\max_i \{f_i(x)\}$ を最小化

$\Rightarrow \begin{cases} \text{最小化 } z & (z\text{は自由変数}) \\ f_i(x) \le z & \text{for } \forall i \end{cases}$

オプション(計算時間、精度)
```
PULP_CBC_CMD(maxSeconds=1, fracGap=0.01)
```

双対問題(Jupyter Notebookにて)
```
import dual して
```

```
%%dual              主問題:
min c^T x           min c^T x
A x >= b            A x >= b
x >= 0              x >= 0
```

事前に `pip install dual` が必要

双対問題:
$\max b^T y$
$A^T y \le c$
$y \ge 0$

輸送最適化問題(Pandas利用)
```python
import numpy as np, pandas as pd
from itertools import product
nw, nf = 3, 4  # 倉庫数、工場数
pr=list(product(range(nw),range(nf)))
供給= np.random.randint(30, 50, nw)
需要= np.random.randint(20, 40, nf)
輸送費=np.random.randint(10,20,(nw,nf))
a = pd.DataFrame([[i,j] for i,j
     in pr], columns=['倉庫','工場'])
a['輸送費'] = 輸送費.flatten()
m = LpProblem()
a['Var'] = [LpVariable('v%d'%i,
     lowBound=0) for i in a.index]
m += lpDot(a.輸送費, a.Var)
for k, v in a.groupby('倉庫'):
    m += lpSum(v.Var) <= 供給[k]
for k, v in a.groupby('工場'):
    m += lpSum(v.Var) >= 需要[k]
m.solve()
a['Val'] = a.Var.apply(value)
print(a[a.Val > 0])
```

数独(NumPy利用)
```python
from ortoolpy import addbinvars
m = LpProblem()
x = np.array(addbinvars(9, 9, 9))
for i,j in product(range(9),range(9)):
    m += lpSum(x[i,:,j]) == 1
    m += lpSum(x[:,i,j]) == 1
    m += lpSum(x[i,j,:]) == 1
    k, l = i//3*3, j//3*3
    m += lpSum(x[k:k+3,l:l+3,j]) == 1
c = s[i*9+j]
if str.isnumeric(c):
    m += x[i,j,int(c)-1] == 1
m.solve()
np.vectorize(value)(x).dot(range(1,10))
```

第5章

pandas の使い方：変数表を作る

pandas[*1] はデータ分析を行うためのライブラリーである．本書の主目的は pandas と PuLP を組み合わせた最適化モデルの作成方法の紹介であるため，pandas についても関連する機能を説明する．pandas の主なデータ構造は次の通りである．

- **DataFrame**：データフレームと呼ぶ．表に対応するデータ構造．
- **Series**：シリーズと呼ぶ．列または行に対応するデータ構造．

他に3次元データに対応する Panel もあるが，ここでは省略する．
pandas の DataFrame を使って変数表を作ること，その変数表には変数の列があり，1行が1変数に対応すること，これが最適化モデルの肝であり，次のようなメリットがある．

- 変数の属性は，対応する行によって表される．それにより，$x_{i,j,k}$ のように一見しただけではどういう属性を持っているかわからない変数の代わりに，わかりやすい形で変数の属性が参照できる．
- pandas の豊富な機能を使って，簡潔に最適化モデルを作成できる．
- pandas のベースのライブラリーである NumPy を使って，効率良くモデルを作成できる．
- ソルバーで解いた結果も表に入れることができるので，結果の加工が簡単にできる．
- Jupyter Notebook で，結果を表やグラフにして容易に可視化して確認できる（5.8節を参照）．

このように，pandas と PuLP を組み合わせることで相乗効果が得られる．

[*1] http://pandas.pydata.org/Intro to Data Structures:http://pandas.pydata.org/pandas-docs/stable/dsintro.html

5.1 データの作成

DataFrame の作り方

まず,メモリから DataFrame を作る方法を見ていこう.ファイルから作る方法は後述する.以降では,DataFrame を df や表,Series を sr や列と記すこともある.pandas ライブラリーは pd,NumPy ライブラリーは np と表記する.また,本章で初出以外の場所で import を省略することがある.NumPy については,本書で必要な部分のみ本章で簡単に説明する.

In [ ]:

```
import numpy as np, pandas as pd
df = pd.DataFrame(np.arange(2, 14, 2).reshape(2, 3),
    columns=['A', 'B', 'C'])
df
```

Out [ ]:

	A	B	C
0	2	4	6
1	8	10	12

Jupyter Notebook では,DataFrame を評価すると,整形された表として出力される.上記のコード np.arange(2, 14, 2).reshape(2, 3) については,作成される df とほぼ同じものだが,詳細は次ページのコラムを参照されたい[2].

出力された表の左の列の 0, 1 を**行ラベル**,上の行の A, B, C を**列ラベル**という.行ラベルは index で,列ラベルは column でアクセスできる.また,ラベルとは別に 0 から始まる通し番号を利用でき,それぞれ行番号,列番号という.番号 i が負の場合,$n+i$ と同じになる.ただし,n はその次元の要素数.

辞書を渡すと,キーを列名,値を列として作成できる.以下に例を示す.

In [ ]:

```
pd.DataFrame({'A': [2, 8], 'B': [4, 10], 'C': [6, 12]})
```

Out [ ]:

[2] DataFrame(2 次元配列相当)とすることで,**2 次元配列相当から DataFrame を作成できる.**

	A	B	C
0	2	4	6
1	8	10	12

コラム：NumPy の多次元配列

NumPy は多次元配列を扱うライブラリーであり，Python で広く利用されている（pandas のベースになっている）．pandas の操作方法の多くは NumPy 由来なので，本章を学べば NumPy も使えるようになるだろう．以下の `np.arange(start, stop, step)` は，`range(start, stop, step)` とほぼ同じであるが，`ndarray` という多次元配列が作成される．

In [ ]:

```
import numpy as np
np.arange(2, 14, 2)
```

Out [ ]:

```
array([ 2,  4,  6,  8, 10, 12])
```

多次元配列とは，図 5.1 のようなさまざまな次元の配列である．0 次元配列をスカラー，1 次元配列をベクトル，2 次元配列を行列，3 次元以上の配列をテンソルという．Python のリストとは異なり，要素を全て同じ型にすることにより，無駄な型変換をなくし高速に計算できるよう工夫されている．図 5.1 の各多次元配列に対して，次元（`ndim`）は [0, 1, 2, 3]，シェイプ（`shape`）は [(), (2,), (2, 2), (2, 2, 2)]，要素数（`size`）は [1, 2, 4, 8] である．

図 5.1 多次元配列

シェイプは，次元ごとの要素数である．多次元配列のメソッド `reshape(shape)` は，要素数と並び[*3] を変えずに，シェイプを変更するものである．つまり 1 次元の (6,) を 2 次元の (2, 3) に変更している．DataFrame は，たとえば，`df.ndim, df.shape, df.size` のように，2 次元配列と同様に使えるようになっている．

[*3] 多次元配列の内部の実装では，データは一列に並んでいる．

Seriesの作り方

Serieseは，リストやタプルから作成できる．dtypeオプションで要素の型を指定できる．

In [ ]:
```
pd.Series([1, 2, 3], dtype=float)
```

Out [ ]:
```
0    1.0
1    2.0
2    3.0
dtype: float64
```

左側の0, 1, 2がラベルになる．DataFrameは列ごとにSeriesで管理されている．列の取り出しに比べ，行の取り出しは効率が悪いので注意する．

pandasのファイル入出力

pandasでは，さまざまな形式のファイルを扱える．その際によく使う関数を，以下に挙げる．

関数	説明
pd.read_csv	CSVファイルから読み込む．オプションが豊富．
pd.read_excel	Excelファイルの特定のシートを読み込む．
pd.read_html	webページのtableタグからDataFrameのリストを作成する．
pd.read_pickle	to_pickleしたファイルから読み込む．
df.to_csv	CSVファイルに書き込む．
df.to_pickle	ピクルス形式で書き込む．

ファイルの内容をテキストでも確認したければ，CSV形式が便利である．エンコーディングは，'utf-8'でよいだろう[4]．同じデータを何度も読み書きするのであれば，ピクルス形式が高速でよい．Excelファイルは，Excelアプリケーションがなくても Windows, Linux, macOSで読み書きできる[5]が，ピクルスと比較して数十倍遅い．

[4] 'cp932'を指定してもExcelで開けるとは限らないので注意する．

[5] 別途，pip install xlrd xlwt が必要となる．

列の追加

新たな列を表dfに追加する方法を1つ紹介する．

```
df['Var'] = None
```

このように新たに Var という列を作成し，右辺の値で初期化する．既に存在していれば上書きとなる．右辺をスカラーにすると，ブロードキャスト（後述）により各要素として設定する．

5.2 データの参照

ここでは，DataFrame の参照方法を説明する．[ ] の中に指定するものをインデックスと総称し，「インデックス 1 : インデックス 2」という表記をスライスという（片方もしくは両方を省略可）．df['Var'] あるいは df.Var で Var 列になる[6]．

- インデックス参照
  df.iloc[i, j] で i 行目，j 列目の要素となる．i，j は番号である．df.loc[i, j] で行ラベル i，列ラベル j の要素となる．どちらも各次元でスライスが利用できる．
- ファンシーインデックス参照
  df[['A', 'B']] のように列ラベルのリストで当該列の表を取得できる[7]．
- ブールインデックス参照
  df[[False, True]] のようにインデックスとして行数分のブール値リストを指定すると，True の行だけ抜き出せる．条件で抽出する場合によく使う．

[6] 7.3 節の「コラム：Var と Val」を参照．

[7] 行ラベルのリストを指定したい場合，take を使う．

5.3 ブロードキャスト

シェイプが異なる多次元配列同士の演算を可能にするしくみをブロードキャストという．特定の次元の要素数が 1 の場合，同じ値を使いまわすことにより，簡易な記述と高速な演算を可能にする．スカラーとの演算では要素ごとに演算する．以下に例を示す．

In [ ]:

```
df = pd.DataFrame(np.arange(2, 8).reshape(2, 3))
df // 2   # 2で割った商
```

Out [ ]:

	0	1	2
0	1	1	2
1	2	3	3

列数と同じリストとの演算では，以下のように各行ごとに演算する．

In [ ]:
```
df + [2, 1, 0]
```

Out [ ]:

	0	1	2
0	4	4	4
1	7	7	7

列ごとに演算したい場合は，以下のように転置（T）すればよい．

In [ ]:
```
(df.T + [3, 0]).T
```

Out [ ]:

	0	1	2
0	5	6	7
1	5	6	7

5.4 条件抽出

ブールインデックスを組み合わせると複雑な条件を指定できる．たとえば，A列が2またはB列が5の行の抽出は以下の通りである．

In [ ]:

```
df = pd.DataFrame(np.arange(8).reshape(4, 2),
                  columns=['A', 'B'])
i, j = 2, 5
df[(df.A==i) | (df.B==j)]
```

Out [ ]:

	A	B
1	2	3
2	4	5

複数の条件の場合は，各条件を括弧でくくる．また，AND 条件には &，OR 条件には |，NOT 条件には ~，XOR 条件[*8] には ^ を用いる．

なお，メソッド query を使っても同様の結果を出すことができる．

[*8] XOR 条件とは排他的論理和である．a xor b は，(a or b) and not(a and b) である．

In [ ]:
```
df.query('A==@i or B==@j')
```

Out [ ]:

	A	B
1	2	3
2	4	5

メソッド query を使う場合，条件は文字列で指定する．列名はそのまま記述し，変数には @ をつける．また，AND 条件には and を，OR 条件には or を，NOT 条件には not を用いる[*9]．& | ~ を使うこともできる．

[*9] XOR 条件は使えない．

5.5 ユニバーサル関数

DataFrame を引数にとって，要素ごとに演算し，元の DataFrame と同じシェイプで返す関数を，**ユニバーサル関数**という．ブロードキャストの演算子もユニバーサル関数の二項演算子と見ることもできる．

具体例を示す．ブロードキャスト df < 5 は，下記のユニバーサル関数 (np.less) と同じ結果になる．

In [ ]:

```
df = pd.DataFrame(np.arange(2, 8).reshape(2, 3))
np.less(df, 5)
```

Out [ ]:

	0	1	2
0	True	True	True
1	False	False	False

ユニバーサルでない関数をユニバーサル関数のように実行したければ，以下のように apply を使えばよい．

In [ ]:

```
df.apply(lambda v: v < 5)
```

Out [ ]:

	0	1	2
0	True	True	True
1	False	False	False

いくつかのユニバーサル関数は，DataFrame のメソッドになっている．たとえば abs は，絶対値を返すユニバーサル関数である．

5.6　軸で演算する関数

ユニバーサル関数以外の関数は，DataFrame を引数としても，異なるシェイプの結果を返す．ある種の関数は，axis オプションで計算範囲を変更可能である．最大値を計算する max で確認する．デフォルトでは axis=0 を指定したことになり，以下の通り列ごとに演算する（df.max(axis=0) と同じ）．

In [ ]:

```
df = pd.DataFrame(np.arange(2, 8).reshape(2, 3))
df.max()
```

Out [ ]:
```
0    5
1    6
2    7
dtype: int64
```

オプション axis=1 を用いると，以下の通り行ごとに演算する．

In [ ]:
```
df.max(axis=1)
```

Out [ ]:
```
0    4
1    7
dtype: int64
```

> **コラム：axis とは**
>
> NumPy の多次元配列を多次元空間に配置したときに，各次元の数値が変わる方向がその次元の軸（axis）になる．各軸は，順番に 0 軸，1 軸，2 軸，…と呼ぶ．pandas でも同じ意味で axis オプションを使う．axis=0 は行方向を，axis=1 は列方向を意味する．演算するときはその軸以外で演算し，演算結果はその軸の要素数となる．
> NumPy では axis=None で全軸について計算するが，pandas では axis=None は axis=0 と同じになっている．

argmax 関数

df.values で，NumPy の多次元配列を取得できる．argmax(axis) メソッドで最大値のインデックスを求める．デフォルトの axis=None では全軸で演算し，axis=0 は列ごと，axis=1 は行ごとに演算する．

In [ ]:
```
print(df.values.argmax())    # 5
print(df.values.argmax(0))   # [1 1 1]
print(df.values.argmax(1))   # [2 2]
```

5.7 その他の関数

groupby 関数

groupby 関数は，指定した列（複数列可）の値が同じ行をグルーピングする．

In [ ]:
```
df = pd.DataFrame([[1,3], [1,5], [2,7]], columns=['A','B'])
df     # 元の表
```

Out [ ]:

	A	B
0	1	3
1	1	5
2	2	7

groupby('A') のループでキー（key）と DataFrame（group）が変数となる．

In [ ]:
```
for key, group in df.groupby('A'):
    print(f'{key}:\n{group}\n')
```

```
1:   A  B
0    1  3
1    1  5

2:   A  B
2    2  7
```

代表値として first（最初の値）を使った場合は，以下のようになる．

In [ ]:
```
df.groupby('A').first()
```

Out [ ]:

	B
A	
1	3
2	7

代表値として mean（平均）を使った場合は，以下のようになる．

In [ ]:
```
df.groupby('A').mean()
```

Out [ ]:

	B
A	
1	4
2	7

列 A が 1 となるのは 3 と 5 なので，平均は 4 となる．

merge 関数

merge 関数で 2 つの表を結合できる．7.3 節の「2 つの表のマージ」も参照されたい．以下のように，頂点 I から頂点 J への流量を変数 Var で表した変数表 df がある場合を考えよう．

In [ ]:
```
df = pd.DataFrame({'I': [1, 1, 2, 2, 3, 3],
                   'J': [2, 3, 1, 3, 1, 2],
                   'Var': 'U V W X Y Z'.split()})
df
```

Out [ ]:

	I	J	Var
0	1	2	U
1	1	3	V
2	2	1	W
3	2	3	X
4	3	1	Y
5	3	2	Z

変数 Var の逆向きの変数を Other として列を追加するには，列 I と列 J を入れ替えた表を作成し，以下のように行う．

In [ ]:
```
pd.merge(df, pd.DataFrame(
    {'I': df.J, 'J': df.I, 'Other': df.Var}))
```

Out [ ]:

	I	J	Var	Other
0	1	2	U	W
1	1	3	V	Y
2	2	1	W	U
3	2	3	X	Z
4	3	1	Y	V
5	3	2	Z	X

2 から 1 の Var は W なので，1 から 2 の Other が W となる．

itertuples 関数

itertuples メソッドは，表を行ごとに繰り返す[*10]．False オプションを加えると，Index を出力しない．

[*10] iterrows も行ごとに繰り返しできるが，itertuples より効率が悪い．

In [ ]:
```
df = pd.DataFrame(np.arange(2, 8).reshape(2, 3))
for row in df.itertuples():
    print(row)
```

```
Pandas(Index=0, _1=2, _2=3, _3=4)
Pandas(Index=1, _1=5, _2=6, _3=7)
```

get_dummies 関数

カテゴリーデータは数値ではないので，モデルで扱いにくいことがある．get_dummies 関数を使うと One hot ベクトル[*11]化できる．以下に例を示す．

[*11] 要素ごとに出現するかどうか．

In [ ]:

```
df = pd.DataFrame([['Alice', 'F'], ['Bob', 'M'],
    ['Dave', 'M']], columns=['Name', 'Type'])
df
```

Out [ ]:

	Name	Type
0	Alice	F
1	Bob	M
2	Dave	M

In [ ]:

```
pd.get_dummies(df, columns=['Type'])
```

Out [ ]:

	Name	Type_F	Type_M
0	Alice	1	0
1	Bob	0	1
2	Dave	0	1

pivot 関数

ピボットテーブルを作成する．以下に例を示す．

In [ ]:

```
df = pd.DataFrame({
    '時限': [1, 1, 1, 2, 2, 2],
    '曜日': '月 火 水 月 火 水'.split(),
    '科目': '国 算 社 理 音 体'.split(),
})
df.pivot('時限', '曜日')
```

Out [ ]:

	科目		
曜日	月	水	火
時限			
1	国	社	算
2	理	体	音

describe 関数

表の平均や四分位などのサマリーを返す[*12]．`include='all'` オプションで，数値以外の情報も確認できる．

set_option 関数

`pd.set_option(対象, 値)` で，pandas のオプションを設定できる．

対象	説明
`'display.max_columns'`	DataFrame の最大表示列数
`'display.max_rows'`	DataFrame の最大表示列数
`'display.precision'`	浮動小数点数の小数点以下の表示桁数

さまざまな関数

その他の有用な関数を以下に示す．

メソッド	説明
`df.apply`	通常の関数をユニバーサル関数のように全体に適用する．
`df.corr`	各列間の相関係数を計算する．
`df.diff`	行間の差分を求める．
`df.drop`	列を削除する．
`df.drop_duplicates`	全列あるいは特定の列に対して，値が重複する行を取り除く．
`df.dropna`	**欠損値**を削除する．
`df.dtypes`	列ごとの型を返す．
`df.fillna`	欠損値を 0 などで埋める．
`df.nunique`	列ごとのユニークな値の個数を返す．
`df.pipe`	パイプラインで処理する．
`pd.qcut`	値を個数で n 等分して，カテゴリー化する．
`df.resample`	行ラベルが日付時刻型の場合に，リサンプリングする．
`df.reset_index`	行ラベルを再設定する．
`df.set_index`	特定の列を行ラベルに指定し取り除く．
`df.shift`	値を行方向にシフトする．
`df.sort_index`	行ラベルでソートする．
`df.sort_values`	特定の列でソートする．
`df.take`	指定した軸をインデックス参照する．
`df.transpose`	転置（行と列を入れ替え）する関数．同機能の `T` プロパティーがよく使われる．
`sr.unique`	列のユニークな値を取り出す．

[*12] 四分位とは，データを小さい順に並べてデータ数を 4 分割したときの値を表す．25 パーセンタイル値を第 1 四分位数，50 パーセンタイル値を第 2 四分位数，75 パーセンタイル値を第 3 四分位数という．50 パーセンタイル値は，中央値とも呼ぶ．

5.8 グラフ描画について

pandas では matplotlilb を利用して簡単にグラフを描画でき，最適化モデルの結果をグラフで確認するのに役に立つ．以下に例を示す．

In [ ]:

```
%matplotlib inline
import matplotlib.pyplot as plt
plt.rcParams['font.family'] = 'AppleGothic'
df = pd.DataFrame(np.sin(np.linspace(0, np.pi)))
df.plot(title='サイン');
```

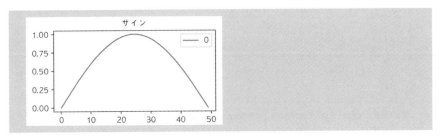

Jupyter Notebook でグラフをインライン描画する場合，%matplotlib inline をノートブックの最初に指定する．matplotlib では，plt.rc('font', family='AppleGothic') のようにフォントを設定できる．plt.rcParams ['font.family'] = 'AppleGothic' としても同様である．Jupyter では補完機能が使えるので，plt.rcParams の使用を勧める．

matplotlilb のデフォルトフォントは日本語に対応していないので，そのまま描画させようとすると，"□" のように文字化けする．matplotlilb では，TrueType または OpenType フォントが利用できるので，拡張子が ttf か otf の日本語フォントを指定すればよい．macOS では，AppleGothic が利用できる．その他の OS では，**IPAexGothic**[13] を指定して使うとよい．利用可能なフォントは，下記のように確認できる．

[13] インストール：https://ipafont.ipa.go.jp/

```
import matplotlib.font_manager
matplotlib.font_manager.findSystemFonts()
```

後からフォントを追加した場合，matplotlib.font_manager._rebuild() でキャッシュを更新しなければならない．

主なグラフ

その他の主なグラフを描画するメソッドを以下に示す．

メソッド	説明
df.plot	折れ線グラフ
df.plot.area	面グラフ
df.plot.bar	棒グラフ（barh で横に）
df.plot.box	箱ひげ図（df.boxplot もほぼ同様）
df.hist	ヒストグラム
df.plot.kde	カーネル密度推定 (kernel density estimation)[*14]
df.plot.pie	円グラフ
df.plot.scatter	散布図

[*14] カーネル密度推定は確率変数の確率密度関数を推定する手法で，ヒストグラムを一般化したもの．

箱ひげ図で，四分位をグラフィカルに確認できる．四角い箱の下辺，中央の線，上辺が，それぞれ，第 1 四分位，第 2 四分位，第 3 四分位を表す．

In [ ]:

```
pd.DataFrame(np.random.exponential(1, 10)).boxplot();
```

showmeans=True オプションをつけると，▲で平均が示される．第 3 四分位 $+1.5\times$ IQR を超えるか，第 1 四分位 $-1.5\times$ IQR 未満の値は，**外れ値**となり○で表示される（ただし，IQR ＝ 第 3 四分位 − 第 1 四分位）．1.5 の値は，whis オプションで変更できる．外側の上下の線（ひげ）は，**外れ値を除く最大値，最小値**を表す．

任意のグラフ描画関数[*15] の主なオプションを表 5.1 に示す（詳細説明は省略する）．これらのオプションは，描画関数内で有効である．全体の設定を変更したい場合は，plt.rcParams を用いる．たとえば，描画領域は plt.rcParams['figure.figsize'] = 6, 4 のようにする．また，文字のフォントサイズを変更するには，plt.rcParams['font.size'] = 12 のよ

[*15] ヒストグラムと書いてあるものは hist のみで使える．

うにする.

表 5.1　グラフの主なオプション

オプション	説明
bins	ヒストグラムのビン数
c	色指定
figsize	描画領域の設定（単位はインチ）
fontsize	目盛りの数値のフォントサイズ（単位はピクセル）
grid	補助線表示
layout	(2, 2) と指定すると，2 × 2 でレイアウト（subplots を True で有効）
legend	凡例表示
logx, logy	各軸の対数軸指定（loglog=True で両軸）
range	ヒストグラムの範囲
rot	X 軸の目盛りの文字の角度
sharex, sharey	各軸の目盛りを共通にするか（subplots を True で有効）
stacked	積み上げにするか
style	線の書式
subplots	列ごとに別の領域に描画するか
title	タイトル
xlim, ylim	各軸の範囲
xticks, yticks	各軸の目盛り

ファイルへの保存

plt.savefig(ファイル名, bbox_inches='tight')でファイルにグラフの画像を保存できる．

---

cut 関数と value_counts 関数

メソッド hist でヒストグラムを描画できる．

In [ ]:

```
df = pd.DataFrame(np.random.exponential(8,20),
columns=['A'])
df.hist(range=(0, 20), bins=4);
```

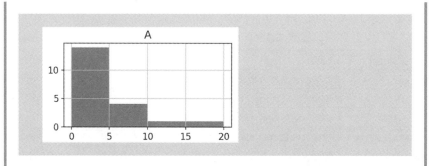

ヒストグラムのデータは，cut と value_counts で次のように作成できる．

In [ ]:

```
pd.value_counts(pd.cut(df.A, range(0, 25, 5)))
```

Out [ ]:

```
(0, 5]      14
(5, 10]      4
(15, 20]     1
(10, 15]     1
Name: a, dtype: int64
```

関数 cut は，指定した区切り値でデータをカテゴリー化する．value_counts は，カテゴリーの種類ごとに個数をカウントする．

5.9 NumPy の関数

pandas の表や列は NumPy の多次元配列で構成されているので，NumPy の関数と相性が良い．ここでは主な関数を紹介する．

numpy.random.choice 関数

書式 choice(リスト, サイズ, replace=True) で，リストから要素を等確率で選択する．replace=True の場合，同じ値の発生を許す．**サイズ**には，数字または（shape と同じ）タプルが指定できる（省略すると 1 個だけ生成）．

numpy.random.multinomial 関数（多項分布）

書式 multinomial(n, [p1, p2, p3], size) で指定した割合（[p1, p2, p3]）で発生する事象を n 回繰り返したときの発生回数のリストを size 個発生させる．割合 [p1, p2, p3] は，1 個以上であれば何個でもよい（和は 1 であること）．

NumPy のその他の関数

上記以外の numpy.random モジュールの関数を表 5.2 に示す．なお，表中の「〜乱数」は，「〜分布に従う乱数」を表す．また，乱数以外で使用機会の多そうな NumPy の関数を表 5.3 に紹介する．

表 5.2　numpy.random モジュールの主な関数

関数	説明
beta(a, b, サイズ)	第一種のベータ乱数
binomial(n, p, サイズ)	二項乱数（成功確率 p を n 回試行したときの成功回数）
get_state()	状態を取得し，乱数を再現可能にする
multivariate_normal(平均リスト, 共分散, サイズ)	多次元正規乱数
normal(平均, 標準偏差, サイズ)	正規乱数
permutation(リスト)	リストの順番をランダムにした新しいリスト
poisson(平均, サイズ)	ポアソン乱数
rand(各次元のサイズ)	0 以上 1 未満の一様乱数
randint(下限, 上限, サイズ)	下限以上で上限未満の整数乱数
randn(各次元のサイズ)	標準正規乱数
seed(シード)	シードを設定
set_state(状態)	状態を設定する（同じ状態を設定すると同じ乱数を生成）
shuffle(リスト)	リストの順番をランダムに変更
uniform(下限, 上限, サイズ)	下限以上で上限未満の一様乱数

表 5.3　NumPy のその他の主な関数

関数	説明
np.abs	絶対値
np.isinf	np.inf または-np.inf かどうか
np.isnan	np.nan（非数値 [16]）かどうか
np.isneginf, np.isposinf	-np.inf かどうか，または np.inf かどうか
np.linalg.inv	逆行列
np.linalg.norm	ノルム（距離を一般化したもの）
np.linspace	指定区間の数列
np.round	丸める
np.sort	ソート
np.sqrt	平方根

[16] pandas では欠損値を np.nan（非数値）で表現する．

第6章
NetworkXの使い方：グラフを作る

　最適化問題を解くに当たって，本書では2種類のアプローチを紹介している．1つはpandasとPuLPを使う方法であり，もう1つはNetworkX[*1]を使う方法である．NetworkXは，グラフやネットワークを扱うライブラリーであり，色々な最適化のアルゴリズムが実装されている．また，これらのライブラリーを全て組み合わせることも可能である．たとえば，8.8節の「最長しりとりを求める」では，pandasとPuLPとNetworkXを使って解いている．さらに，Jupyter Notebookでは，NetworkXのグラフを容易に可視化して確認できる．

[*1] https://networkx.github.io/

6.1　グラフとは

　頂点[*2] (vertex, node) と辺 (edge, arc) からなる構造を**グラフ構造** (graph) という．一般的に頂点や辺は，**重み** (weight) などの属性を持つ．辺上にモノを流して考える場合は，**ネットワーク** (network) といい，辺の**容量** (capacity) を考慮することが多い[*3]．なお，以降では次のような表記を用いる．また，グラフに関する用語については参考文献 [1]『Pythonによる数理最適化入門』を参照されたい．

- V: 頂点の集合
- E: 辺の集合
- G: グラフ（VとEからなることを明示的に表す場合，$G(V, E)$と表記）

[*2] 単に点と表記することもある．

[*3] 本書では，折れ線グラフのようなグラフと，頂点と辺からなるグラフの2種類に対し，同じ言葉を用いているので，文脈に合わせて適宜解釈して欲しい．

6.2 グラフの種類

ここでは，NetworkX におけるグラフのクラスの種類を理解する上で必要な，グラフ理論上のグラフの種類（有向グラフと無向グラフ，単純グラフと多重グラフ）について簡単に説明する．また，モデルの説明で必要となる，その他のグラフの種類についても紹介する．

有向グラフと無向グラフ

向きがある辺を**有向辺** (directed edge)，向きのない辺を**無向辺** (undirected edge) という．また，有向辺だけからなるグラフを**有向グラフ** (directed graph)，無向辺だけからなるグラフを**無向グラフ** (undirected graph) という．

グラフ理論の教科書で有向グラフと無向グラフを区別するのは，アルゴリズムの記述が容易になるからである．NetworkX でも区別している．しかし，実際の道路網では，一方通行の道と対面通行の道がある．グラフを使いやすくするには，有向無向を区別すべきではなく，1 つのグラフの中に有向辺と無向辺の両方を認めるべきである．NetworkX で有向辺と無向辺を混在させたい場合は，無向辺を 2 つの有向辺で代用する方法が考えられる．

単純グラフと多重グラフ

辺の両端が同じ頂点のとき，その辺を**自己ループ** (loop) あるいは**ループ**という．また，2 つの頂点の間に複数の辺がある場合，それらを**多重辺** (multiple edges) という．自己ループも多重辺も含まないグラフを**単純グラフ** (simple graph) といい，自己ループや多重辺を含むことができるグラフを**多重グラフ** (multi graph) という．

部分グラフ

グラフ $G(V, E)$ に対して，$V_1 \subseteq V$, $E_1 \subseteq f(E, V_1)$ となる $G_1(V_1, E_1)$ を G の**部分グラフ** (subgraph) という．逆に，G は G_1 の**拡大グラフ**という．部分グラフは $G_1 \subseteq G$ と表記し，**真部分グラフ** (proper subgraph) は $G_1 \subset G$ と表記する．ただし，ここで $f(E, V_1)$ は，E の中で両端が V_1 に含まれる辺の集合とする．

また，$E_1 = f(E, V_1)$ の場合を**誘導部分グラフ** (induced subgraph) という．V_1 が V や空集合 $\emptyset$（empty set）の場合も部分グラフである．

完全グラフ

全ての頂点の間に辺があるグラフを**完全グラフ** (complete graph) という. n 頂点からなる完全グラフは, K_n と表記する.

補グラフ

グラフ $G(V, E)$ において, $G_1(V, K \setminus E)$ を**補グラフ** (complement graph) という. ただし, K は V の完全グラフとする.

2部グラフ

頂点集合を2つに分割して各集合内の頂点同士の間には辺がないグラフを, **2部グラフ** (bipartite graph) という.

線グラフ

辺を頂点とみなした新たなグラフのことを, **線グラフ** (line graph) という. 元のグラフの2辺が頂点を共有していれば, 線グラフの対応する頂点間に辺を作成する.

連結グラフ

2つの頂点の間にパス (後述) が存在するときを**連結**しているといい, 全ての頂点が連結しているグラフを**連結グラフ** (connected graph) という. また, 有向グラフの任意の2点間にパスが存在する場合を, **強連結**という. 一方, 有向グラフが「無向グラフに変換したときに連結である」ならば, **弱連結**という.

森と木

サイクル (後述) を持たないグラフを**森** (forest) という. 森が連結グラフであるとき**木** (tree) という.

有向非巡回グラフ

閉路 (後述) のない有向グラフを**有向非巡回グラフ** (directed acyclic graph: DAG) という.

6.3 グラフの用語

ここでは，モデルの説明などで必要な，グラフに関する用語を紹介する．

クリーク

グラフ G の誘導部分グラフ G_1 が完全グラフになるとき，G_1 を**クリーク** (clique) という．

歩道と路とパス

ある頂点から辺をたどって別の頂点へ行ける場合，その辺の並びを**歩道**という．辺が重複しないものを**路**という．頂点が重複しないものを**パス** (path) や**道**という（頂点の並びで表すこともある）．

閉路とサイクル

始点と終点が同じ路を**閉路**，始点と終点が同じパスを**サイクル** (cycle) という．

オイラー路

全ての辺をちょうど 1 度だけ通る路を**オイラー路** (Eulerian trail) という（いわゆる一筆書き）．閉路の場合は**オイラー閉路**という．

長さ

パスに含まれる辺の数を**長さ** (length) という．

次数

ある頂点に接続する辺の数を**次数** (degree) という．

マッチング

互いに端点を共有しない辺の集合を**マッチング** (matching) という．

縮約

グラフ G からある辺 e を取り除き，その辺の両端の頂点を 1 つの頂点にまとめることを辺の**縮約** (contraction) という（$G \setminus e$ と表記）[*4]．

[*4] $A \setminus B$ は集合の場合，A から B を取り除いた**集合**（差集合：relative complement）である．縮約の詳細は，参考文献 [7]『今日から使える！組合せ最適化：離散問題ガイドブック』を参照されたい．

6.4 グラフの種類別の構築方法

NetworkX には多くの機能があるが，ここでは本書で使うものを中心に紹介する．なお，一度行った import は省略する．NetworkX のグラフには，以下の 4 種類がある．

	無向グラフ	有向グラフ
単純グラフまたは 自己ループのみ含む多重グラフ	Graph	DiGraph
多重グラフ	MultiGraph	MultiDiGraph

第 1 引数に別のグラフを指定することにより，そのグラフの形式に変換できる．また，Graph と DiGraph あるいは MultiGraph と MultiDiGraph については，to_directed, to_undirected を用いて互いに変換可能である．頂点や辺を取り出すときに一貫して順序を保ちたいときは，これら 4 つのグラフ名の頭に Ordered をつければよい（例：OrderedGraph）．

以下にグラフの構築例を確認する．

In [ ]:

```
%matplotlib inline
import pandas as pd, networkx as nx
dfnd = pd.read_csv('data/node0.csv')  # 頂点情報ファイル
dfed = pd.read_csv('data/edge0.csv')  # 辺情報ファイル
g = nx.Graph()  # グラフの作成
for row in dfnd.itertuples(False):
    dc = row._asdict()
    g.add_node(dc['id'], **dc)
for row in dfed.itertuples(False):
    dc = row._asdict()
    g.add_edge(dc['node1'], dc['node2'], **dc)
nx.draw(g)
```

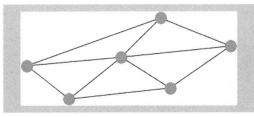

NetworkX の描画は matplotlib を用いているので，`%matplotlib inline` とすることでインライン描画できる．`g = nx.Graph()` のようにグラフオブジェクトを作成でき，その際には 4 種類のグラフのうちいずれかを選ばなければならない．作成したグラフが有向グラフかどうかは `is_directed` メソッドで，多重グラフかどうかは `is_multigraph` で確認できる．

頂点の追加と削除

頂点の追加は `add_node` で行う．第 1 引数で頂点オブジェクトを指定し，第 2 引数以降で任意の属性を指定できる．属性がない場合は，`add_nodes_from` で複数頂点を追加したり，あるいは頂点を追加せずに直接辺を追加したりできる．また，属性は node[頂点] で確認できる．

頂点の削除は，`remove_node` あるいは `remove_nodes_from` で行う．頂点を削除すると，接続している辺も自動で削除される．

In [ ]:
```
g.node[0]
```

Out [ ]:
```
'demand': -4, 'id': 0, 'weight': 4, 'x': 5, 'y': 5
```

辺の追加と削除

辺の追加は `add_edge` で行う．第 1 引数，第 2 引数で 2 点を指定し，第 3 引数以降で任意の属性を指定できる．属性がない場合は，`add_edges_from` で複数辺を追加できる．属性は edges[頂点 1, 頂点 2] で確認できる．

辺の削除は，`remove_edge` あるいは `remove_edges_from` で行う．なお，辺を削除しても接続している頂点は削除されない．

In [ ]:
```
g.edges[0, 1]
```

Out [ ]:
```
'capacity': 2, 'node1': 0, 'node2': 1, 'weight': 1
```

グラフの描画

グラフは `nx.draw(g)` で描画できる．頂点のラベルを表示したい場合，`nx.draw_networkx(g)` とすることもできる．

グラフの特徴を調べる関数

表 6.1 に，グラフの特徴を調べる関数の一部を紹介する．

表 6.1 グラフの特徴を調べる関数

関数	説明
`nx.is_bipartite`	2 部グラフか
`nx.is_connected`	連結か（無向グラフのみ）
`nx.is_directed`	有向グラフか
`nx.is_directed_acyclic_graph`	DAG か
`nx.is_empty`	辺がないか
`nx.is_eulerian`	オイラー閉路か
`nx.is_forest`	森か
`nx.is_frozen`	編集不可か
`nx.is_matching`	マッチングか
`nx.is_negatively_weighted`	特定のキーワードの値が負の辺があるか
`nx.is_simple_path`	指定されたリストの隣り合うペアが全て辺に含まれているか
`nx.is_strongly_connected`	強連結か（有向グラフのみ）
`nx.is_tree`	木か
`nx.is_weakly_connected`	弱連結か（有向グラフのみ）
`nx.is_weighted`	辺を持ち，全ての辺が特定のキーワードを持っているか

色々なグラフの生成

NetwokX では多くの種類のグラフを簡単に作成できる．たとえば `fast_gnp_random_graph` で，頂点数と辺の存在確率を指定するだけでランダムなグラフを作成でき，`directed` オプションで有向グラフにもできる．連結グラフが欲しい場合は，作成後に連結かどうかチェックすればよい．表 6.2 に，色々なグラフを生成する関数を紹介する[5]．

[5] 詳細は参考文献 [5]『Python 言語によるビジネスアナリティクス』を参照されたい．

```
In [ ]:
# 連結なランダムなグラフ
```

```
while True:
    g = nx.fast_gnp_random_graph(10, 0.3)
    if nx.is_connected(g):
        break
```

表 6.2 色々なグラフの生成関数

関数	説明
nx.circular_ladder_graph(頂点数)	端がつながったはしご状のグラフ
nx.complete_bipartite_graph(頂点数1, 頂点数2)	完全2部グラフ
nx.cycle_graph(頂点数)	サイクル
nx.empty_graph(頂点数)	辺がないグラフ
nx.grid_graph(各次元のサイズのリスト)	多次元の格子状のグラフ
nx.grid_2d_graph(行数, 列数)	格子状のグラフ
nx.ladder_graph(頂点数)	はしご状のグラフ
nx.path_graph(頂点数)	1本のパスからなるグラフ

グラフを変換する関数

任意のグラフを引数とし，別のグラフに変換する関数を表6.3に紹介する．対象列のGDMWは，それぞれGraph, DiGraph, MultiGraph, MultiDiGraphが指定できることを示す．

表 6.3 グラフを変換する関数

関数	対象	説明
nx.complement	GDMW	補グラフ
nx.connected_component_subgraphs	GM	連結部分グラフの列挙
nx.eulerian_circuit	GDMW	オイラー閉路
nx.freeze	GDMW	編集不可のグラフ
nx.inverse_line_graph	G	線グラフが元のグラフになるグラフ
nx.line_graph	GD	線グラフ
nx.reverse	DW	有向辺の向きを逆にしたグラフ
nx.strongly_connected_component_subgraphs	DW	強連結部分グラフの列挙
nx.weakly_connected_component_subgraphs	DW	弱連結部分グラフの列挙

6.5 グラフの最適化問題

NetworkX には最適化問題のアルゴリズムがいくつか実装されているので、ここで紹介する。アルゴリズムに必要なパラメーター（weight など）の多くは、頂点や辺の属性として指定する。なお、デフォルト値を持つ一部の引数は説明を省略する。下記の典型問題については、付録 B を参照されたい。

最小全域木問題

最小全域木問題を解く。

```
nx.minimum_spanning_tree(g, weight='weight',
    algorithm='kruskal', ignore_nan=False)
```

引数：g（グラフ）
出力：最小全域木（または森）を表すグラフ
サンプル

In [ ]:

```
g = nx.Graph()
g.add_edge(0, 1, wa=1, wb=3)
g.add_edge(1, 2, wa=2, wb=2)
g.add_edge(0, 2, wa=3, wb=1)
nx.minimum_spanning_tree(g, weight='wa').edges()
```

Out [ ]:

```
EdgeView([(0, 1), (1, 2)])
```

In [ ]:

```
nx.minimum_spanning_tree(g, weight='wb').edges()
```

Out [ ]:

```
EdgeView([(0, 2), (1, 2)])
```

このとき、重みを'wa'とすると (0, 1), (1, 2) を選び、重みを'wb'とすると (0, 2), (1, 2) を選ぶ。

最短路問題

最短路問題を解く。

```
nx.dijkstra_path(g, source, target, weight='weight')
```

引数：g（グラフ），source（始点），target（終点）
出力：最短路となる頂点リスト

最大流問題

最大流問題を解く．

```
nx.maximum_flow(g, source, target,
    capacity='capacity', flow_func=None, **kwargs)
```

引数：g（グラフ），source（始点），target（終点）
出力：最大流量と，各辺での流量

サンプル

In [ ]:

```
g = nx.Graph()
g.add_edge(0, 1, capacity=10)
g.add_edge(1, 2, capacity=20)
nx.maximum_flow(g, 0, 2)
```

Out [ ]:

```
(10, {0: {1: 10}, 1: {0: 0, 2: 10}, 2: {1: 0}})
```

ここでは，容量の小さい方は 10 なので，全体で最大 10 までしか流せない．

最小費用流問題

最小費用流問題を解く．

```
nx.min_cost_flow(g, demand='demand',
    capacity='capacity', weight='weight')
```

引数：g（グラフ），demand（需要のラベル），capacity（容量のラベル），
weight（費用のラベル）
出力：各辺での流量

頂点の属性 demand で需要量を指定する．供給量は，供給量 × −1 を demand で指定する．

重みマッチング問題

重みマッチング問題を解く．重みマッチング問題の詳細については，付録Bの「重みマッチング問題」を参照されたい．

```
nx.max_weight_matching(g, maxcardinality=False,
    weight='weight')
```

引数：`g`（グラフ），`maxcardinality`（最大マッチングとなるマッチングを求めるかどうか），`weight`（重みラベル）

出力：マッチング（辺の集合）

`maxcardinality=True` を指定すると，最大重み最大マッチング問題として解く．重みラベルの属性が存在しなければ最大マッチング問題として解く．

コラム：極大マッチング

関数 `nx.maximal_matching` で極大マッチングを求めることができる．極大マッチングとは，それ以上辺を追加できないマッチングであり，一種の局所的最適解である．大域的最適解である最大マッチングとは別のマッチングなので注意する．

6.6 japanmapの使い方

japanmapは，著者が日本地図を表示するために作成したライブラリーである．県の隣接情報から NetworkX のグラフを作成するのに利用している．

日本地図の描画

Jupyter Notebook で指定した都道府県コード[6]の日本地図を描画する．

```
pref_map(ips, cols=None, width=1, **kwargs)
```

引数：`ips`（都道府県コードのリスト），`cols`（都道府県の色のリスト），`width`（横に `width` 個表示できる大きさにする）

出力：SVG（Scalable Vector Graphics）オブジェクト

[6] 北海道から沖縄県までを 01 から 47 に割り当てたコード．

その他の関数

上記以外のjapanmapの主な関数を表6.4に紹介する．

表 **6.4** japanmapの主な関数

関数	説明
`adjacent(`都道府県コード`)`	県庁所在地を含むエリアが隣接する都道府県コード
`groups[`八地方区分`]`	八地方区分ごとの都道府県コードリスト
`pref_code(`都道府県名`)`	都道府県コードを整数にしたもの
`pref_names[`都道府県コード`]`	都道府県名

第7章

モデルの作り方（基本）

　PuLP と pandas を組み合わせて，pandas の表 (DataFrame) で変数 (LpVariable) を管理すると，わかりやすくモデルを作成できる．ここから，これまでに解説したことを踏まえて，色々な基本的なモデルを作成したり，モデル作成のテクニックを紹介したりする．

7.1　いちばんやさしいマス埋め問題

　時間割作成やスケジューリング作成では，決められたマスに項目を埋めることが目的となる．この節では，最もシンプルなマス埋め問題のモデル作成を通して，PuLP と pandas を組み合わせたモデル作成の練習を行う[*1]．以降では目的関数は使わないので，無視する（変数と制約条件だけ考える）．

[*1] ここでは，PuLP と pandas の組み合わせに着目し，ortoolpy は使わない．

問題
　1×1マスに，1 から 3 の数字をいずれか 1 つを入れることを考える．制約条件は「1 マスの数字の合計が 2 である」とする．

　明らかに答えは 2 になるが，その数理モデルを Python で作成してみる．

考え方
　1 つのマスに入る数字 (1, 2, 3) を 1 つの変数とすると，制約条件を書くのが難しくなる．そこで，「1 かどうか」「2 かどうか」「3 かどうか」という「Yes または No」の値を持つ 3 つの変数を用意する（図 7.1）.

　この変数は，「Yes のときに **1**，No のときに **0** の値になる」と定義する．こ

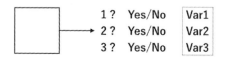

図 7.1 3つの Yes/No

のような0または1をとる変数を，**0-1変数またはバイナリー変数**と呼ぶ．

3つの変数を，Var1, Var2, Var3としよう（Varは，変数を意味するvariableの先頭3文字）．最初に，PuLPだけで数理モデルを作り，解いて結果を見てみよう．

In [ ]:

```
import pulp

# 1) 数理モデル作成
model = pulp.LpProblem()

# 2) 各変数を作成．cat=pulp.LpBinaryでバイナリー変数として作成
Var1 = pulp.LpVariable('Var1', cat=pulp.LpBinary)
Var2 = pulp.LpVariable('Var2', cat=pulp.LpBinary)
Var3 = pulp.LpVariable('Var3', cat=pulp.LpBinary)

# 3) 1*Var1+2*Var2+3*Var3 == 2 という制約条件をモデルに追加
condition = (1*Var1 + 2*Var2 + 3*Var3 == 2)  # 制約条件
model += condition  # 制約条件をモデルに追加

# 4) Var1 + Var2 + Var3 == 1 という制約条件をモデルに追加
model += (Var1 + Var2 + Var3 == 1)

# 5) 数理モデルを解く
model.solve()

# 6) pulp.valueで，最適化された変数を参照
print('Var1', pulp.value(Var1))
print('Var2', pulp.value(Var2))
print('Var3', pulp.value(Var3))
print('Number', pulp.value(1*Var1 + 2*Var2 + 3*Var3))
```

```
Var1 0.0
Var2 1.0
Var3 0.0
```

Number 2.0

上記のコードを，順を追って説明する．

1. 数理モデルを pulp.LpProblem() で作成する．
2. コード pulp.LpVariable('Var1', cat=pulp.LpBinary) で変数 Var1 を作成する．カテゴリー（cat）に pulp.LpBinary を指定すると，バイナリー変数になる．
3. マスの数字は，1*Var1 + 2*Var2 + 3*Var3 という式で計算できる．「式 == 数字」は制約条件になる．PuLP では，式や制約条件を数式のように書ける．制約条件を数理モデルに追加するには，model += condition のように書く．
4. 「1つのマスには，数字は1つしか入れることはできない」を制約条件で書くと，Var1 + Var2 + Var3 == 1 となる．
5. メソッド model.solve() により，下記の一連の処理を実行し，数理モデルを解いて結果が得られる．
   ① 数理モデルを「ソルバーの必要とする形式」でファイルに出力し，ソルバーの入力とする．
   ② ソルバーを実行する．ソルバー内ではシンプレックス法や分子限定法などで解を計算し，結果をファイルに出力する．
   ③ ソルバーの出力したファイルを読み取り，数理モデルの変数に，結果の値を設定する．
6. コード pulp.value(Var1) のようにすると，変数 Var1 の値を取り出せる．なお，関数 pulp.value は，変数だけでなく式も指定できる．また，コード pulp.value(1*Var1 + 2*Var2 + 3*Var3) でマスの数字を取り出せる．

PuLP による数理モデルの使い方のイメージがつかめただろうか．1つのマスに入る数字を決めることは，人が考えれば簡単にできるが，数理モデルで計算すると手間がかかる．しかし，マスの個数が増えると計算は大変になる．プログラム (Python) の良いところは，変数の数が増えてもプログラム自体は増えないことである．したがって，人間が暗算できないような計算もプログラムならシンプルに記述できる．

リストを使って数理モデルを書き換える

次に，全く同じ問題を，リストを使って書いてみよう．リストを使うと，問題のサイズが増えてもプログラムを変えずにすむようになる．

In [ ]:

```
import pulp

# 数理モデルを作成
model = pulp.LpProblem()

# 3つの変数をバイナリー変数で作成
Var = [pulp.LpVariable(f'Var{i}', cat=pulp.LpBinary)
       for i in range(3)]

# マスに入る数字の合計が2である制約条件を追加
model += (pulp.lpDot([1, 2, 3], Var) == 2)

# マスに入る数字が1つである制約条件を追加
model += (pulp.lpSum(Var) == 1)

# 数理モデルを解く
model.solve()

# 結果を参照
for v in Var:
    print(v.name, pulp.value(v))
print('Number', pulp.value(pulp.lpDot([1, 2, 3], Var)))
```

```
Var1 0.0
Var2 1.0
Var3 0.0
Number 2.0
```

以上のように，リストを使わない場合と同じ結果が得られる．

コード lpDot([1,2,3], Var) は内積の和になる．これは 1*Var[0] + 2*Var[1] + 3*Var[2] と同じ意味である．また，コード lpSum(Var) はリスト Var の和になる．sum(Var) でも値は同じになるが，lpSum を使うようにしよう．理由は 4.2 節のコラム「lpSum 関数を使おう」を参照されたい．

pandas を使って数理モデルを作成する

さらに，データ分析ライブラリー (pandas) を使った数理モデルの作成方法を紹介する．pandas には豊富なデータ加工機能が用意されており，簡単にデータを加工できる．つまり，pandas と PuLP の両方を使えば，さまざまに加工したデータを使った数理モデルが簡単に記述できる．

In [ ]:

```
import pulp, pandas

# 数理モデルを作成
model = pulp.LpProblem()

# データフレームに変数と定数を追加
df = pandas.DataFrame()
df['Number'] = [1, 2, 3]
df['Var'] = [pulp.LpVariable(f'Var{i}', cat=pulp.LpBinary)
             for i in range(3)]

# 数理モデルに制約条件を追加
model += (pulp.lpDot(df.Number, df.Var) == 2)
model += (pulp.lpSum(df.Var) == 1)

# 数理モデルを解く
model.solve()

# 結果を表示
df['Val'] = df.Var.apply(pulp.value)
print(df)
print('Number', df[df.Val == 1].Number.iloc[0])
```

```
   Number   Var  Val
0       1  Var0  0.0
1       2  Var1  1.0
2       3  Var2  0.0
Number 2
```

リストを使った場合との違いを見ていこう．まず，リスト Var を pandas.Series の df.Var に変更した[*2]．次に，コード df['Val'] = df.Var.apply(pulp.value) を追加した．このコードでは，Var 列の変数の結果を Val 列

[*2] Var のように先頭を大文字にすることによって，pandas.DataFrame のメソッドと区別できる（小文字だと，たまたまメソッドと同じ名前をつけてしまい，バグの原因になる可能性がある）．

として挿入している．このようにすると，変数に対応する結果が簡単にわかり，扱いやすくなる．

また，0-1 変数を使った数理モデルでは，1 になった変数が重要な意味を持つ．pandas を使うと，df[df.Val == 1] のように簡単に取り出せる．ここでは要素数が 1 なので，df[df.Val == 1].Number.iloc[0] でマスに入る数字がわかる．

簡単な数理モデルでは pandas の良さがわかりにくいが，複雑になるとプログラムのわかりやすさがかなり変わってくる．

7.2 輸送最適化問題

輸送最適化問題を例にしてモデルを作成してみよう．ここから，ortoolpy を使ってシンプルに記述する．

問題

倉庫群から工場群へ部品を搬送したい．輸送費が最小となる計画を求めたい．各倉庫からの搬出は供給可能量以下とし，各工場への搬入は需要量以上とする．

モデル

各倉庫から各工場への輸送量が，意思決定対象すなわち変数となる．目的関数は，変数に輸送費をかけて和をとった輸送費となる．守らなければならないことは，供給可能量を超えないことと需要量を満たすことである．

変数	倉庫群から工場群への輸送量
目的関数	輸送コスト → 最小化
制約条件	各倉庫からの搬出は，供給可能量以下
	各工場への搬入は，需要量以上

7.2 輸送最適化問題

輸送費		組み立て工場				供給
		F1	F2	F3	F4	
倉庫	W1	10	10	11	17	35
	W2	16	19	12	14	41
	W3	15	12	14	12	42
	需要	28	29	31	25	

図 7.2　輸送費用と倉庫の供給と工場の需要

パラメーターの設定

まず，必要なパラメーターを設定する．（数字は図 7.2 と同じ）

In [ ]:

```
import numpy as np, pandas as pd
from itertools import product
from pulp import LpVariable, lpSum, value
from ortoolpy import model_min, addvars, addvals
np.random.seed(1)
nw, nf = 3, 4
pr = list(product(range(nw), range(nf)))
供給 = np.random.randint(30, 50, nw)
需要 = np.random.randint(20, 40, nf)
輸送費 = np.random.randint(10, 20, (nw,nf))
```

pandas を使わずに数理モデルを作成する

変数は，添え字でアクセスする[3]．

[3] 倉庫 i から工場 j への輸送量は，添え字 i, j を使って v1[i, j] と参照する．

In [ ]:

```
m1 = model_min()
v1 = {(i, j): LpVariable('v%d_%d' % (i,j), lowBound=0)
      for i, j in pr}
m1 += lpSum(輸送費[i][j] * v1[i, j] for i, j in pr)
for i in range(nw):
    m1 += lpSum(v1[i, j] for j in range(nf)) <= 供給[i]
for j in range(nf):
    m1 += lpSum(v1[i, j] for i in range(nw)) >= 需要[j]
m1.solve()
{k:value(x) for k,x in v1.items() if value(x) > 0}
```

Out [ ]:

```
{(0, 0): 28.0,
 (0, 1): 7.0,
 (1, 2): 31.0,
 (1, 3): 5.0,
 (2, 1): 22.0,
 (2, 3): 20.0}
```

pandas を使って数理モデルを作成する

各行がそれぞれ1つの変数に対応する表を作成することで，倉庫や工場や輸送費などの値と結びつけて容易に参照できる．まず，表を作成しよう．

In [ ]:

```
df = pd.DataFrame([(i, j) for i, j in pr],
                  columns=['倉庫', '工場'])
df['輸送費'] = 輸送費.flatten()
df[:3]    # 最初の3行表示
```

Out [ ]:

	倉庫	工場	輸送費
0	0	0	10
1	0	1	10
2	0	2	11

この表を使って数理モデルを作ってみよう．

In [ ]:

```
m2 = model_min()
addvars(df)
m2 += lpSum(df.輸送費 * df.Var)
for k, v in df.groupby('倉庫'):
    m2 += lpSum(v.Var) <= 供給[k]
for k, v in df.groupby('工場'):
    m2 += lpSum(v.Var) >= 需要[k]
m2.solve()
addvals(df)
df[df.Val > 0]
```

Out [ ]:

	倉庫	工場	輸送費	Var	Val
0	0	0	10	v0	28.0
1	0	1	10	v1	7.0
6	1	2	12	v6	31.0
7	1	3	14	v7	5.0
9	2	1	12	v9	22.0
11	2	3	12	v11	20.0

添え字 i, j を使った表現は，添え字が何を表しているか覚えていなければならなかった[*4]．しかし，PuLP と pandas を組み合わせることによって下記のようなメリットが生まれ，数理モデルが理解しやすくなる．

- 1 つの変数が表の 1 行に対応するため，変数がわかりやすくなる[*5]．
- 単なる 'i' などではなく，'倉庫' などの列名が使える．
- pandas の条件式を使って，数式を組み立てられる．
- pandas の便利な関数（groupby など）を使ってモデルを作成できる．
- 結果も表に追加できる[*6]．
- pandas で結果を加工できる．

[*4] たとえば，v1[0, 1] の 0 が倉庫 W1 であることは，覚えていないとわからない．

[*5] addvars(df) は，変数表 df に変数の列 Var を追加する．

[*6] addvals(df) は，変数表 df に結果の列 Val を追加する．

pandas と PuLP を使った最適化モデルの手順

pandas と PuLP を使った基本的な最適化モデルを作る手順は，次の通りである．

1. 利用するライブラリーを import する．
2. 変数表を用意する．
3. モデルを作成[*7]する．
4. 変数表に非負変数の列を追加する．
5. 変数表と pandas の機能を使いながら，目的関数と制約条件を追加する．
6. ソルバーで求解する．
7. 結果（目的関数や変数）の値を取得する．

[*7] 目的関数を最小化するのか最大化するのかは，モデル作成時に決める．

7.3 pandasを使った最適化モデルのテクニック

ここでは，最適化モデルを作成したり，結果を加工したりする上で役に立つテクニックをまとめた．特に断らない場合，`df` は pandas の DataFrame のオブジェクト（表）を表す．

モデルの作成

最小化や最大化のモデルは，以下のように書くことができる．

```
from ortoolpy import model_min, model_max
m = model_min()  # 最小化モデルの場合
m = model_max()  # 最大化モデルの場合
```

変数の作成

変数表の列 `Var` に変数を入れる．具体的には次のようにする[8]．

[8] 以降では，`df` は変数の列 `Var` を持っていることとする．

```
from ortoolpy import addvars, addbinvars
addvars(df)     # 連続変数の場合
addbinvars(df)  # 0-1変数の場合
```

表の1行が1つの変数に対応する．変数に必要な情報は表で持っているので，変数名（LpVariableの名前）は気にしないですみ，代わりに表と列の名前を用いる．添え字ではなく列名でアクセス可能で，属性の値も数字だけではなく文字列など多様な情報を持てる．

結果の作成

以下のように書くと，変数表の列 `Val` に結果の値が入る[9]．

[9] 以降では，`df` は変数の結果の列 `Val` を持っていることとする．

```
addvals(df)
```

これはモデルに依存しないので，イディオムとして覚えよう．次のように記述するよりも高速に動作する．

```
df['Val'] = [value(x) for x in df.Var]
```

0以外の結果の抽出

たとえば輸送最適化問題のように，0以外の結果に興味があることが多い．

pandasの機能を使えば,「変数表の中で結果の値が0より大きいもの」を次のように簡単に取り出せる.

```
df[df.Val > 0]
```

0-1変数で1を取り出したいときも同様にできるが,以下のようにする方が確実である.ソルバーによっては,0-1変数なのに0.00000001のようにちょうど0にならないこともあるからである.

```
df[df.Val > 0.5]
```

グルーピング処理 (groupby)

輸送最適化問題では,groupbyを用いて倉庫ごとに供給できる量を制約としていた.pandasを使ったモデルでは,groupbyはよく使われる.

```
for k, v in df.groupby('倉庫'):
    m2 += lpSum(v.Var) <= 供給[k]
```

同じことは以下のようにしてもできるが,groupbyを使った方がわかりやすく高速に動作する.

```
for k in df.倉庫.unique():
    m2 += lpSum(df[df.倉庫 == k].Var) <= 供給[k]
```

2つの表のマージ (merge)

たとえば「どの顧客にどの商品をお薦めするか」という問題を考えるとしよう.最適化して解いた結果はdfに入っており,顧客ごとにお薦めした商品の合計金額を出すことにした.しかし,dfには商品のID (p_id) は入っているが,商品の金額は入ってない.商品マスターの表 (df_master) に金額 (price) が入っている.このようなときも,pandasであれば以下のように簡単にdfに金額の列を追加できる.

```
df = df.merge(df_master, on='p_id')
```

別の例も考えてみよう.コマ (k_id) に教科 (subject) と教員 (teacher) を割り当てて,学校の時間割を作成する.教科表 (df_subject) にはコマと教科の割当が,教員表 (df_teacher) にはコマと教員の割当が入っており,コマごとに教科と教員を出力する.このような場合の教科表と教員表をマージした表も,以下のように簡単にできる.

```
pd.merge(df_subject, df_teacher, on='k_id')
```

1 次元のデータを 2 次元のデータに変換

時間割の結果の表（`df`）が，30 コマ分 30 行あるとする．出力すべき文字列は `Cell` 列にあり，これを 5（月～金）× 6（時限）の 2 次元に変換したい．
`Series` の `values` メンバで NumPy の多次元配列がとれるので，次のように `reshape` で次元の形状を変更できる．

```
df.Cell.values.reshape(5, 6)
```

別の例としては，後述のナンプレの結果の表（`df`）の数字の列（数）の 81 行を 9 × 9 に変換できる．

```
df.数.values.reshape(9, 9)
```

コラム：Var と Val

大文字で始まる DataFrame のメンバやメソッドは `T`（転置）だけであるため，変数の列名を大文字で始めると，名前を衝突させることなく `df['Var']` の代わりに `df.Var` が使える．また，大文字で始まるメンバやメソッドはないので，列名であると判断しやすい．

なお，`Variable` というように長く書かない理由は，目的関数や制約条件で何度も出てくるときに，長いと見づらくなるためである．また，結果の列名を Val とする理由は，`Value` とすると `pulp.value` や `DataFrame.values` と混同しやすいためである．

7.4 生産最適化を解く

問題

原料に限りがある状態で製品を生産して，利益を最大化したい．

諸元の読込

まず，製品ごとの原料価格と利益，原料ごとの在庫をファイルから読み込む．

In [ ]:
```
import pandas as pd
from pulp import lpSum, value
from ortoolpy import model_max, addvars, addvals
df0 = pd.read_csv('data/prod_cost.csv', index_col=0)
df0
```

Out [ ]:

	原料 1	原料 2	原料 3	利益
製品 1	1	4	3	5.0
製品 2	2	4	1	4.0
在庫	40	80	50	NaN

表の分離

製品ごとの表 df と原料ごとの在庫 inv に分離し，表に変数の列 Var を追加する．

In [ ]:
```
df, inv = df0.iloc[:-1, :].copy(), df0.iloc[-1, :-1]
addvars(df)   # 生産量を表す変数
df
```

Out [ ]:

	原料 1	原料 2	原料 3	利益	Var
製品 1	1	4	3	5.0	v000001
製品 2	2	4	1	4.0	v000002

In [ ]:
```
inv
```

Out [ ]:

```
原料 1    40.0
原料 2    80.0
原料 3    50.0
Name: 在庫, dtype: float64
```

実行

数理モデルを作成し，目的関数と制約条件を追加して解く．

In [ ]:

```
m = model_max()   # 数理モデル
m += lpSum(df.利益 * df.Var)   # 総利益を表す目的関数
for item in df.columns[:-2]:   # 製品ごとの処理
    # 制約条件：原料の使用量が在庫以下
    m += lpSum(df[item] * df.Var) <= inv[item]
m.solve()   # ソルバで解を求める
value(m.objective)   # 目的関数の値
```

Out [ ]:

```
95.0
```

結果の表示

変数の値を列 Val に入れる．

In [ ]:

```
addvals(df)   # 変数の値を表に追加
df
```

Out [ ]:

	原料1	原料2	原料3	利益	Var	Val
製品1	1	4	3	5.0	v000001	15.0
製品2	2	4	1	4.0	v000002	5.0

以上から，製品1を15，製品2を5作成すると，利益を最大化できることがわかる．

7.5　ロジスティクス・ネットワーク設計問題

問題

需要を満たしつつ輸送費と生産費の和が最小となるように，どこで何をど

れだけ生産し，どう輸送するかを求める[*10].

*10 4.4節の「ロジスティクス・ネットワーク設計問題」も参照されたい．

入力データの作成

2種類の製品（AとB）を2つの工場（XとY）で生産し，2箇所の需要地（PとQ）へ輸送する．2つの工場にはそれぞれ2つのレーンがあり，1つのレーンでは1製品のみ生産できる．また，レーンごと・製品ごとに生産量の上下限や生産費が異なる．

In [ ]:

```
製品 = list('AB')
需要地 = list('PQ')
工場 = list('XY')
レーン = (2, 2)
```

以下の通り，輸送費表を作成する．

In [ ]:

```
import numpy as np, pandas as pd
tbdi = pd.DataFrame(((j, k) for j in 需要地 for k in 工場),
                    columns=['需要地', '工場'])
tbdi['輸送費'] = [1,2,3,1]
tbdi
```

Out [ ]:

	需要地	工場	輸送費
0	P	X	1
1	P	Y	2
2	Q	X	3
3	Q	Y	1

以下の通り，需要表を作成する．

In [ ]:

```
tbde = pd.DataFrame(((j, i) for j in 需要地 for i in 製品),
                    columns=['需要地', '製品'])
tbde['需要'] = [10, 10, 20, 20]
tbde
```

Out [ ]:

	需要地	製品	需要
0	P	A	10
1	P	B	10
2	Q	A	20
3	Q	B	20

以下のとおり，生産表を作成する．

In [ ]:

```
tbfa = pd.DataFrame(((k, l, i, 0, np.inf)
    for k, nl in zip(工場, レーン)
    for l in range(nl)
    for i in 製品),
    columns=['工場', 'レーン', '製品', '下限', '上限'])
tbfa['生産費'] = [1, np.nan, np.nan, 1, 3, np.nan, 5, 3]
tbfa.dropna(inplace=True)
tbfa.loc[4, '上限'] = 10
tbfa
```

Out [ ]:

	工場	レーン	製品	下限	上限	生産費
0	X	0	A	0	inf	1.0
3	X	1	B	0	inf	1.0
4	Y	0	A	0	10.000000	3.0
6	Y	1	A	0	inf	5.0
7	Y	1	B	0	inf	3.0

実行し結果を確認

作成した3つの表を `logistics_network` に渡し，実行する．

In [ ]:

```
from ortoolpy import logistics_network
_, tbdi2, _ = logistics_network(tbde, tbdi, tbfa)
```

結果（生産量 ValY）を確認する[11]．

[11] 輸送量が正のものだけ出力している．

In [ ]:
```
tbfa[tbfa.ValY > 0]
```

Out [ ]:

	工場	レーン	製品	下限	上限	生産費	VarY	ValY
0	X	0	A	0	inf	1.0	v9	20.0
3	X	1	B	0	inf	1.0	v10	10.0
4	Y	0	A	0	10.000000	3.0	v11	10.0
7	Y	1	B	0	inf	3.0	v13	20.0

結果（輸送量 ValX）を確認する．

In [ ]:
```
tbdi2[tbdi2.ValX > 0]
```

Out [ ]:

	需要地	工場	輸送費	製品	VarX	ValX
0	P	X	1	A	v1	10.0
1	P	X	1	B	v2	10.0
2	Q	X	3	A	v3	10.0
6	Q	Y	1	A	v7	10.0
7	Q	Y	1	B	v8	20.0

7.6 ナンプレを解く

問題

図 7.3 のナンバープレース（ナンプレ）を解く．条件は以下のとおりである．

- 9×9 の全マスに，1〜9 の数字を必ず埋める．(1)
- どの 1 行 (2)，どの 1 列 (3)，どの 3×3 (4) においても，同じ数字は 1 回だけしか使えない．
- 数字が埋まっている場所では，その数字を使う．(5)

		6						1
	7			6			5	
8			1		3	2		
		5		4		8		
	4		7		2		9	
		8		1		7		
		1	2		5			3
	6			7			8	
2						4		

図 **7.3**　ナンバープレース

数理モデルを考える

図 7.4 のような，$9 \times 9 \times 9$ の 729 個の箱を考えよう．この 3 軸は，行，列，数字に対応する．

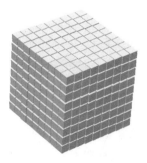

図 **7.4**　行，列，数字に対応する変数の箱

1 つの箱は，選ばれている/選ばれていないのどちらかの状態を持つ．これを 1 と 0 の数字で表す．行 i 列 j 数字 k の箱が 1 の場合，i 行 j 列のマスの数字が k であることを意味する．この 729 個の箱が 0-1 変数になる．制約条件は，下記の通りである．

- 1 つのマスに数字は 1 つ．$1 \times 1 \times 9$ の 9 箱の合計が 1．…（1）
- 1 行のマスに同じ数字は 1 つ．$1 \times 9 \times 1$ の 9 箱の合計が 1．…（2）
- 1 列のマスに同じ数字は 1 つ．$9 \times 1 \times 1$ の 9 箱の合計が 1．…（3）
- 3×3 のマスに同じ数字は 1 つ．$3 \times 3 \times 1$ の 9 箱の合計が 1．…（4）
- 数字指定の場合，その数字．$1 \times 1 \times 1$ の 1 箱の合計が 1．…（5）

なお，この問題には目的関数はない（便宜上，式 0 となる）．

定式化

上記の考え方は，以下のように定式化できる．

変数	$x_{ijk} \in \{0,1\} \ \forall i,j,k$	マス i,j が数字 $k+1$ か
制約条件	$\sum_k x_{ijk} = 1 \ \forall i,j$	1マスに数字は1つ (1)
	$\sum_i x_{ijk} = 1 \ \forall j,k$	縦に同じ数字は1つ (2)
	$\sum_j x_{ijk} = 1 \ \forall i,k$	横に同じ数字は1つ (3)
	$\sum x_{ijk} = 1$ 該当の 3×3 に対して	3×3 のマスについても同様 (4)
	$x_{ijk} = 1$ 該当の i,j,k に対して	数字指定 (5)

変数表の作成

pandas で下記のような表を作成する．1レコードは1変数（`Var`）に対応し，合計 729 レコードになる（1 レコードは表の1行に対応）．

	行	列	数	_3×3	固	Var
0	0	0	1	0	False	v000001
0	0	0	2	0	False	v000002
...						

この表を使うと，制約条件は以下のように表せる．

- 1つのマスに数字は1つ → 「行と列」が同じ集合の変数の和は 1．
- 1行のマスに同じ数字は1つ → 「行と数」が同じ集合の変数の和は 1．
- 1列のマスに同じ数字は1つ → 「列と数」が同じ集合の変数の和は 1．
- 3×3のマスに同じ数字は1つ → 「3×3と数」が同じ集合の変数の和は 1．
- 数字指定の場合，その数字 → 「固」が True なら変数は 1．

なお，キーが同じ集合は，pandas の `groupby` で取得できる．

実行

変数 s に入った図 7.3 の情報を使ってモデルを作成し，実行する．

In [ ]:
```
import re, pandas as pd
```

```
from itertools import product
from pulp import lpSum, value
from ortoolpy import addbinvars, addvals, model_min

s = ('. . 6 |. . . |. . 1 '
     '. 7 . |. 6 . |. 5 . '
     '8 . . |1 . 3 |2 . . '
     '------+------+------'
     '. . 5 |. 4 . |8 . . '
     '. 4 . |7 . 2 |. 9 . '
     '. . 8 |. 1 . |7 . . '
     '------+------+------'
     '. . 1 |2 . 5 |. . 3 '
     '. 6 . |. 7 . |. 8 . '
     '2 . . |. . . |4 . . ')
data = re.sub(r'[^\d.]','',s)  # 数字とドット以外を削除
r = range(9)
df = pd.DataFrame([(i,j,(i//3)*3+j//3,k+1,c==str(k+1))
    for (i,j),c in zip(product(r,r),data) for k in r],
    columns=['行', '列', '_3x3', '数', '固'])
addbinvars(df)
m = model_min()
for cl in [['行', '列'], ['行', '数'], ['列', '数'],
           ['_3x3', '数']]:
    for _,v in df.groupby(cl):
        m += lpSum(v.Var) == 1
for _,r in df[df.固 == True].iterrows():
    m += r.Var == 1
m.solve()  # ソルバーで求解
```

結果の表示

結果を列として表に追加する．結果が1（＝選ばれた）のレコードを抜き出して，9×9に整形して表示する．

In [ ]:

```
addvals(df)
print(df[df.Val > 0.5].数.values.reshape(9, 9))
```

```
[[5 3 6 8 2 7 9 4 1]
 [1 7 2 9 6 4 3 5 8]
 [8 9 4 1 5 3 2 6 7]
 [7 1 5 3 4 9 8 2 6]
 [6 4 3 7 8 2 1 9 5]
 [9 2 8 5 1 6 7 3 4]
 [4 8 1 2 9 5 6 7 3]
 [3 6 9 4 7 1 5 8 2]
 [2 5 7 6 3 8 4 1 9]]
```

ソルバーでは整数変数も実数として計算しているため，ごくたまに0.99999999などの出力になることもある．したがって，等号（==1）ではなく不等号（>0.5）で判断している．

7.7 最適化モデル作成の高度なテクニック

ここでは，最適化モデルの作成で使える便利なテクニックを紹介する．なお，以下のサンプルコードでは，事前に下記のコードを実行済みとする．

準備

In [ ]:

```
import numpy as np
from pulp import (LpProblem, LpMaximize, LpVariable,
                  lpSum, value)
from ortoolpy import (addvar, addvars, addbinvar,addbinvars,
                      addlines, addlines_conv)
m = LpProblem()      # 数理モデル
x1 = addvars(10)     # 1次元変数
x = addvar()         # 0次元変数
z = addbinvar()      # 0-1変数
m += lpSum(x)        # 目的関数
```

変数を np.array で作成する

効用：NumPy のスライスなどの機能が使える．

In [ ]:

```
x2 = addvars(2, 3)   # 2行3列の2次元の変数（リスト）
x3 = np.array(x2)    # 2行3列の2次元の変数（NumPy）
```

リストの場合にi行目とj列目を取得する方法は，以下の通りとなる．

- i行目を取得：x2[i]
- j列目を取得：[v[j] for v in x2]

np.arrayの場合にi行目とj列目を取得する方法は，以下の通りとなる．

- i行目を取得：x3[i]
- j列目を取得：x3[:, j]

結果を np.vectorize で取得する

効用：内包表記[12]より簡潔に記述でき，高速に動作する．

[12] [value(v) for v in x1] のように角括弧内で for を用いる記述方法を**内包表記**という．

In [ ]:

```
# 内包表記
val = [value(v) for v in x1]
# np.vectorize
val = np.vectorize(value)(x1)
```

変数のリストから結果のリストを作る場合，np.vectorize(value)が使える．DataFrameを使っている場合は，df['Val'] = df.Var.apply(value)のようにより簡潔に記述できる．

変数の範囲（上下限）を指定する

効用：範囲が記述できる．

Pythonでは 1 <= x <= 3 のような記述が可能であるが，PuLPでは下記のように分けて書かなければならない．変数作成時に指定することもできる．

In [ ]:

```
# 制約条件で指定する場合
m += x >= 1
m += x <= 3
# 変数作成時に指定する場合
x = LpVariable('x', lowBound=1, upBound=3)
```

変数の範囲（0または上下限）を指定する

効用：範囲が記述できる．

発動機の回転数（x）などのように，停止（0）とある上下限の範囲（10から100）しか許されていないことがある．このような変数を**半連続変数**という．これは，0-1変数（z）を使って次のように表現できる．

In [ ]:

```
m += x >= 10 * z
m += x <= 100 * z
```

変数の範囲（どちらか）を指定する

効用：範囲が記述できる．

2つに分かれた範囲（10以下か20以上）のどちらかしかとれない変数（x）も，0-1変数（z）と十分大きな数（M[*13]）を使って，次のように表現できる．

[*13] Mは，制約条件で使われ，0-1変数の値が0のときに有効な制約条件になり，1のときに無効な制約条件になるように調整された定数である．目的関数には現れないので，ペナルティではない．

In [ ]:

```
M = 100   # サンプル
m += x <= 10 + M * z
m += x >= 20 - M * (1 - z)
```

変数リスト内の変数を全て同じ値とする制約条件を指定する

効用：n個のペアは$n(n-1)/2$だけあるが，$n-1$個の制約条件を指定するだけですむ．

In [ ]:

```
for vi, vj in zip(x1, x1[1:]):
    m += vi == vj
```

コード`zip(x1, x1[1:])`を使うと，変数リスト`x1`の隣り合う2変数を順番に取得できる．同じことは，`more_itertools.pairwise(x1)`でもできる．

リストの中のどれか1つを選ぶように制限する

効用：制約条件を記述できる．

In [ ]:

```
m += lpSum(x1) == 1
```

特に難しくはないが，このパターンもよく使われる．

リストの合計が 1 になるのを禁止する

効用：制約条件を記述できる．

In [ ]:

```
for v in x1:
    m += 2 * v <= lpSum(x1)
```

このパターンは，リストの数だけ制約条件が作成される．場合によっては，0-1 変数を使って「0」または「2 以上」で表した方が効率的になる可能性もある．

隣接制約を指定する

効用：制約条件を記述できる．

隣接制約とは，「2 つの制約条件のうち，1 つだけ満たしていればよい」という制約条件である．まずは，2 つの制約とも考慮する場合を例示する．

2 つの制約条件を $y \geq x-2$ と $y \geq -x+2$ とする．実行可能領域は，図 7.5 の塗りつぶされた部分となる．x が 0，2，4 の場合について，y を最小化すると 2，0，2 となる．以下のように入力する[*14].

*14 コード y = addvar(lowBound=None) は，自由変数 y を作成している．

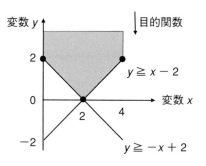

図 7.5　2 つの制約条件を考慮

7.7 最適化モデル作成の高度なテクニック

In [ ]:

```
for x in [0, 2, 4]:
    m = LpProblem()
    y = addvar(lowBound=None)
    m += y   # 目的関数（yの最小化）
    m += y >= 2 - x
    m += y >= -2 + x
    m.solve()
    print(f'x, y = {x}, {value(y)}')
```

```
x, y = 0, 2.0
x, y = 2, 0.0
x, y = 4, 2.0
```

続いて，2つの制約条件のうち1つだけ満たす方法を説明する．実行可能領域は，図7.6の塗りつぶされた部分となる．xが0, 2, 4の場合について，yを最小化すると-2, 0, -2となる．以下のように入力する．

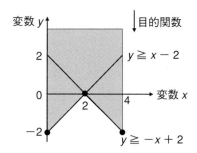

図 7.6　片方の制約条件を考慮

In [ ]:

```
M = 4  # 十分大きな数
for x in [0, 2, 4]:
    m = LpProblem()
    y = addvar(lowBound=None)
    z = addbinvar()   # 0-1変数
    m += y   # 目的関数（yの最小化）
    m += y >= 2 - x - M * z
    m += y >= -2 + x - M * (1 - z)
    m.solve()
    print(f'x, y = {x}, {value(y)}')
```

```
x, y = 0, -2.0
x, y = 2, 0.0
x, y = 4, -2.0
```

*15 線形最適化問題の実行可能領域は必ず凸集合である.

*16 このような M を使う方法は，ソルバーにとっては解きづらいモデルである．特に，M を大きくしすぎると，いつまで経っても計算が終わらなくなることもある．どうしても使わざるを得ないときは，可能な限り小さい M を使うとよい．サンプルでは M は 4 が最小である（図 7.6 を見ると 4 並行移動すればよいのがわかる）．

出力された実行可能領域は凸集合ではないので，線形の制約条件で書くことはできない[*15]．0-1 変数 z と大きな値の定数 M を用いると，隣接制約をモデルとして表現できる[*16]．下表のように，変数 z の値によりどちらかの制約条件だけが有効となる．

変数 z が 0 のとき	m += y >= 2 - x m += y >= -2 + x - M （M の分，下に並行移動し，制約条件として無効に）
変数 z が 1 のとき	m += y >= 2 - x - M （M の分，下に並行移動し，制約条件として無効に） m += y >= -2 + x

区分線形近似（非凸）を指定する

効用：制約条件の曲線の式を近似できる．

線形最適化では，制約条件を 1 次式で表さなければならない．図 7.7 の点線のような 1 次式でない関数を扱いたいときは，区分線形で近似できる．また，関数が非凸の場合は 0-1 変数を用いた ortoolpy.addlines が使えるが，モデルの複雑さが増すので，できれば避けるべきである．下記のサンプルでは x は定数であるが，通常は変数を使う．以下のように入力する．

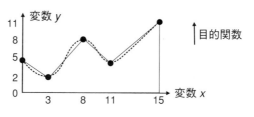

図 **7.7** 非凸の区分線形近似

7.7 最適化モデル作成の高度なテクニック

In [ ]:

```
M = 8
for x in [0, 3, 8, 11, 15]:
    m = LpProblem(sense=LpMaximize)
    y = addvar()
    m += y   # 目的関数
    addlines(m, [(0,5), (3,2), (8,8), (11,5), (15,11)], x,y)
    m.solve()
    print(x, value(y))
```

```
0 5.0
3 2.0
8 8.0
11 5.0
15 11.0
```

区分線形近似（凸）を指定する

効用：制約条件の曲線の式を効率的に近似できる．

以下のどちらかの場合に ortoolpy.addlines_conv が使える．

- 実行可能領域が関数の下で，関数が上に凸の場合は，オプション upper=False を指定する（図 7.8）．
- 実行可能領域が関数の上で，関数が下に凸の場合は，オプション upper=True を指定する．

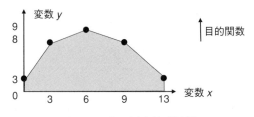

図 7.8 凸の区分線形近似

0-1 変数を使わないので効率的であるが，点の数が増えるとそれなりに複雑さが増すので注意する．以下のように入力する．

In [ ]:

```
for x in [0, 3, 6, 9, 13]:
    m = LpProblem(sense=LpMaximize)
    y = addvar()
    m += y    # 目的関数
    addlines_conv(m, [(0,3),(3,8),(6,9),(9,8),(13,3)], x, y,
                  upper=False)
    m.solve()
    print(x, value(y))
```

```
0 3.0
3 8.0
6 9.0
9 8.0
13 3.0
```

if A then B の制約条件を指定する

効用：条件式を制約条件として表現できる．

「if A then B」は，次のように場合分けして考えれば，「not A or (A and B)」であることがわかる．

- not A の場合は，常に満たす
- A の場合は，B を満たす

「or」は凸集合ではないので，線形の制約条件では表現できない．その場合，0-1 変数（z）を使い，z == 0 のとき「not A」を，z == 1 のとき「A and B」を表現する．以下に，いくつか具体例を示す．

ケース 1：if $y \leq 10$ then $y \geq 2x$（図 7.9）

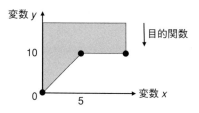

図 **7.9** if A then B の制約条件

7.7 最適化モデル作成の高度なテクニック

以下のように入力する.

In [ ]:

```
M = 10
for x in [0, 5, 10]:
    m = LpProblem()
    y = addvar()
    z = addbinvar()    # 0-1変数
    m += y  # 目的関数
    m += y >= 10 - M * z  # not A
    m += y <= 10 + M * (1 - z)  # A
    m += y >= 2 * x - M * (1 - z)   # B
    m.solve()
    print(x, value(y))
```

```
0 0.0
5 10.0
10 10.0
```

ケース 2：if $x \leq 5$ then $y \leq 2x$（図 7.10）

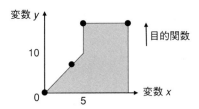

図 7.10 if A then B の制約条件

以下のように入力する.

In [ ]:

```
M = 10
for x in [0, 4, 5, 10]:
    m = LpProblem(sense=LpMaximize)
    y = addvar()
    z = addbinvar()    # 0-1変数
    m += y  # 目的関数
    m += x >= 5 - M * z  # not A
    m += x <= 5 + M * (1 - z)   # A
```

```
    m += y <= 2 * x + M * (1 - z)   # B
    m.solve()
    print(x, value(y))
```

```
0 0.0
4 8.0
5 20.0
10 30.0
```

ケース 3：if $x == 1$ then $y \leq 2$

このケースでは x == 0 の場合は自明なので，x == 1 の場合の制約条件だけあればよい．以下のように入力する．

In [ ]:

```
M = 8   # 十分大きい数とする
for x in [0, 1]:
    m = LpProblem(sense=LpMaximize)
    y = addvar(upBound=10)
    m += y   # 目的関数
    m += y <= 2 + M * (1 - x)
    m.solve()
    print(x, value(y))
```

```
0 10.0
1 2.0
```

ケース 4：if $x == 1$ then $y = 2$

このケースも，x == 0 の場合は自明なので，x == 1 の場合の制約条件だけあればよい．M は不等号の制約条件で使える．等号を使いたい場合は，2つの不等号で表せる．以下のように入力する．

In [ ]:

```
M = 8   # 十分大きい数とする
for x in [0, 1]:
    m = LpProblem(sense=LpMaximize)
    y = addvar(upBound=10)
    m += y   # 目的関数
    m += y <= 2 + M * (1 - x)
    m += y >= 2 - M * (1 - x)
```

```
    m.solve()
    print(x, value(y))
```

```
0  10.0
1   2.0
```

最大値の最小化を行うときの方法

変数 x, y の大きい方を最小化する場合は，新しい自由変数 z を用意して $x \leq z, y \leq z$ の制約条件を追加し，z を最小化すればよい（ミニマックス問題）．逆に最小値を最大化する場合は，$x \geq z, y \geq z$ の制約条件を追加し，z を最大化すればよい（マックスミニ問題）．

混合整数最適化でこのようなモデル化を行うと，同じ目的関数の値であっても無数の組合せが生じるときがあり，ソルバーで解くのに非常に時間がかかることがある．その場合は，目的関数を設定するのではなく，求めたい解に近い範囲を制約条件とすることで，近似解ではあるが早く解けることがある．ただし，適切な制約条件を見つけるために試行錯誤が必要である．

分散の最小化を行うときの方法

目的関数としてばらつき（分散）を小さくしたい[*17] 場合，分散は 2 次式なので，厳密には線形では表現できない．次のようなアプローチがある．

[*17] 平準化したい場合，ばらつきを小さくすればよい．

- 最大値をある値以下とする制約条件を加える．あるいは，最小値をある値以上とする制約条件を加える．ある値が決まっていれば，最も解きやすい．
- 最大値を最小化，あるいは最小値を最大化する．
- 平均との差分の和を最小化する．
- 可能であれば，区分線形近似する．

絶対値の最小化を行うときの方法

自由変数 x の絶対値を最小化する場合は，新しい変数 z を用意して $z \geq x, z \geq -x$ の制約条件を追加し，z を最小化すればよい．

第8章
モデルの作り方（応用）

本章では，具体的な応用問題を紹介する．本章で必要な import の記述を，以下にまとめて示す．

準備
```
%matplotlib inline
import numpy as np, pandas as pd, networkx as nx
import matplotlib.pyplot as plt
from random import shuffle
from collections import defaultdict
from itertools import combinations, product
from more_itertools import chunked, first, pairwise
from more_itertools import iterate, take
from PIL import Image, ImageDraw
from urllib import request
from pulp import LpProblem, LpMaximize, LpBinary, LpStatus
from pulp import lpDot, lpSum, value
from ortoolpy import addvar, addvars, addvals, addbinvar
from ortoolpy import addbinvars, model_max, model_min, tsp
from japanmap import adjacent, pref_map, pref_code as pc
```

8.1 野球選手の守備を決めよう

問題

9人の選手 (A〜I) を9つの守備 (1〜9) に割り当てる．対応ごとに適性が与えられている（小さいほどよい）．適性の総和を最小化せよ．

モデル化の方針

選手と守備をおのおの頂点としたグラフの割当問題だが，重みは小さい方がよいので，**最小重み完全マッチング問題**となる．解くときには重みを -1 倍して最大重み最大マッチング問題を解けばよい．

実行

ここでは，与えられる適性をランダムに決めて使う．選手の頂点を 0〜8，守備の頂点を 9〜17 とする．適性は -w[i][j] として，最大化問題とする．maxcardinality=True オプションで最大マッチングとなるので，必ず全選手に守備を割り当てる．

In [ ]:
```
np.random.seed(0)
w = np.random.randint(1, 10, (9, 9))    # 適性
g = nx.Graph()
for i, j in product(range(9), range(9)):
    g.add_edge(i, j + 9, weight=-w[i][j])
r = dict(nx.max_weight_matching(g, maxcardinality=True))
r.update(dict(zip(r.values(), r.keys())))    # 逆方向
[r[i] - 8 for i in range(9)]    # 選手ごとの守備
```

Out [ ]:
```
[2, 5, 6, 4, 9, 1, 3, 7, 8]
```

結果の表示

結果は，選手 − 守備または守備 − 選手になっているため，辞書 r を作成後，r.update(dict(zip(r.values(), r.keys()))) で，キーと値を逆にした辞書とマージする．

8.2 県を4色に塗り分けよう

問題

1つの県を1色とし，隣接する県は異なるように，日本全体を4色で塗る（県の隣接情報を使って，**四色問題を解く**）．

モデル化の方針

このように隣り合うもの同士に違う色を割り当てる問題を，**頂点彩色問題**という．応用としては，携帯電話の基地局ごとの周波数決定問題がある（異なる色→異なる周波数→電波が干渉しないので話せる）．

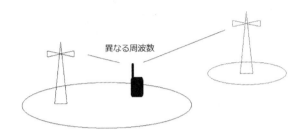

四色問題は，平面地図に限定した頂点彩色問題である．必ず4色以内で塗り分けられることが，数学的に証明されている（四色定理）．しかし，どのように塗り分けたらよいかは自明ではない．ここでは，各県を頂点とし隣接している県を辺とするグラフを考える．以下を制約条件とした数理最適化を解いて，県の色を求める．

- 各県に色を割り当てる．
- 隣接していたら同じ色を割り当てない．

実行

今回，変数表は使わず，変数は県コードと色の2次元配列とする．

In [ ]:

```
m = LpProblem()
vlst = addbinvars(47, 4)   # 変数
for i in range(47):
    m += lpSum(vlst[i]) == 1    # 色の割当
    for j in adjacent(i+1):
        for c in range(4):
            # 隣接していたら，同色は1つまで
            m += vlst[i][c] + vlst[j-1][c] <= 1
m.solve()
```

結果の表示

コード `lpDot(range(4), v)` は 0*v[0] + 1*v[1] + 2*v[2] + 3*v[3] を意味し，`value` を適用すると割り当てられた色になる．

In [ ]:
```
cols = [['red', 'blue', 'green', 'yellow']
        [int(value(lpDot(range(4), v)))] for v in vlst]
pref_map(range(1, 48), cols=cols, width=3)
```

Out [ ]:

隣接している県が異なる色で4色に塗り分けられていることが確認できる．`adjacent` と `pref_map` については，6.6 節を参照されたい．

8.3 画像ファイルを4色で塗ろう

問題

図 8.1 を 4 色で塗り分けよう．

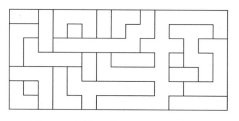

図 **8.1** 対象画像 (four_color.png)

以下のように画像を読み込む．最終的に，白い部分を4色で塗る．

```
In [ ]:
```

```
im = Image.open('data/four_color.png')
im
```

モデル化の方針

境界で囲まれたエリアごとに R=0，G=1，B=通し番号の固有色で塗る（R,G が 0,1 ならば対象エリア）ことで，ピクセルからエリアが判別できるようになる．また，エリアを少し広げて境界線を消し，境界なしで隣接させる．

```
In [ ]:
```

```
# 各エリアをRGB=(0,1,通し番号)で塗りつぶす
n = 0
for y, x in product(range(im.height), range(im.width)):
    if im.getpixel((x, y)) != (255, 255, 255, 255):   # 白
        continue
    ImageDraw.floodfill(im, (x, y), (0, 1, n, 255))
    n += 1
# 境界を消す
dd = [(-1, 0), (0, -1), (0, 1), (1, 0)]
l = list(product(range(1,im.height-1),range(1,im.width-1)))
shuffle(l)
for y, x in l:
    c = im.getpixel((x, y))
    if c[:2] == (0, 1):   # 対象エリア
        for i, j in dd:
            if im.getpixel((x + i, y + j))[:2] != (0, 1):
                im.putpixel((x + i, y + j), c)
```

隣接ピクセルの色が異なっていて，共にR,G=0,1ならば，add_edgeで隣接させる．

```
In [ ]:
```

```
g = nx.Graph()   # グラフ
for y, x in product(range(im.height-1), range(im.width-1)):
    c1 = im.getpixel((x, y))
    if c1[:2] != (0, 1):
        continue
    c2 = im.getpixel((x+1, y))
```

```
        c3 = im.getpixel((x, y+1))
        if c2[:2] == (0, 1) and c1[2] != c2[2]:
            g.add_edge(c1[2], c2[2])
        if c3[:2] == (0, 1) and c1[2] != c3[2]:
            g.add_edge(c1[2], c3[2])
```

実行

各エリアに色を割り当てて，隣接していたら同じ色を割り当てない．

In [ ]:

```
m = LpProblem()  # 数理モデル
# エリアiを色jにするかどうか
vlst = addbinvars(g.number_of_nodes(), 4)
for i in g.nodes():
    m += lpSum(vlst[i]) == 1  # 色を割当
for i, j in g.edges():
    for k in range(4):
        m += vlst[i][k] + vlst[j][k] <= 1  # 隣接
m.solve()
```

結果の表示

エリアのピクセルであれば，B（c[2]）がエリア番号なので，求められた色でfloodfillすると，解けていることが確認できる．なお，ランダムにエリアを広げたので，境界が多少凸凹になる．

In [ ]:

```
co = [(97, 132, 219, 255), (228, 128, 109, 255),
      (255, 241, 164, 255), (121, 201, 164, 255)]  # 4色
cols = [int(value(lpDot(range(4), v))) for v in vlst]
for y, x in product(range(im.height-1), range(im.width-1)):
    c = im.getpixel((x, y))
    if c[:2] == (0, 1):  # エリアならば，結果で塗る
        ImageDraw.floodfill(im, (x, y), co[cols[c[2]]])
im
```

Out [ ]:

8.4 デートコースを決めよう

問題

8つのアトラクションがある遊園地でデートをする．200分の制限時間の中で総満足度を最大化しよう（図 8.2）．なお，巡回セールスマン問題と違い，全てまわる必要はない．

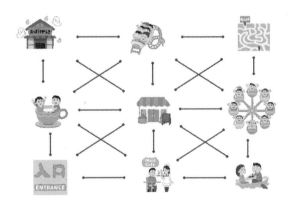

図 8.2 デートコースを決めよう

モデル化の方針

200分という制限時間があるため，全てのアトラクションをまわれるとは限らない．そこで，アトラクションを選ぶかどうかの変数と，アトラクション I の後にアトラクション J に行くかどうかを決めるための変数を用意する．

このような巡回セールスマンのような問題の定式化では，部分巡回路をどのように扱うかによって，次の2つのアプローチがある．

その1：起点（入口）からの訪れる順番を変数として，必ず入口からたど

れるように制約条件を入れる．

その2：部分巡回路ができてしまうことを無視して解き，部分巡回路ができたらそれを禁止する制約条件を追加して解き直す．

ここでは，その1のアプローチをとる．まず，以下のようにしてアトラクション表を作る．

In [ ]:

```
# パラメーター
atra = ('入口 喫茶 ボート カップ レストラン 観覧車'
        'お化け屋敷 コースター 迷路').split()
prio = [0, 50, 36, 45, 79, 55, 63, 71, 42]  # 満足度
tims = [0, 20, 28, 15, 35, 17, 18, 14, 22]  # 滞在時間
n = len(atra)
# アトラクション表
dfa = pd.DataFrame(
    list(zip(atra, prio, tims)),
    columns=['アトラクション', '満足度', '滞在時間'])
dfa[:3]  # 先頭3行
```

Out [ ]:

..	アトラクション	満足度	滞在時間
0	入口	0	0
1	喫茶	50	20
2	ボート	36	28

続けて，以下のようにして移動時間表を作る．

In [ ]:

```
timm = [[0, 1, 9], [0, 3, 7], [0, 4, 12], [1, 2, 11],
        [1, 3, 12], [1, 4, 7], [1, 5, 13], [2, 4, 14],
        [2, 5, 8], [3, 4, 11], [3, 6, 7], [3, 7, 12],
        [4, 5, 9], [4, 6, 13], [4, 7, 9], [4, 8, 13],
        [5, 7, 13], [5, 8, 7], [6, 7, 7], [7, 8, 6]]
# 移動時間表
dft = pd.DataFrame(
    [c for i, j, t in timm for c in [(i, j, t), (j, i, t)]],
    columns=['I', 'J', '移動時間'])
dft[:8:2]  # 1行おきに表示
```

Out [ ]:

	I	J	移動時間
0	0	1	9
2	0	3	7
3	0	4	12
6	1	2	11

　変数は，2つの変数表に1種類ずつと，変数表を使わないものの3種類がある．制約条件の中には，変数表 dft の I から J に行く変数と J から I に行く変数を同時に利用するため，元々の変数 VarIJ の逆向き用の変数の列 VarJI を用意する．1から2への VarIJ と2から1への VarJI は同じ変数となるように設定する．

変数	変数表	意味
VarS	dfa	そのアトラクションを選ぶか
VarIJ	dft	I から J に行くか
VarJI	dft	J から I に行くか
u	なし	訪れる順序

　目的関数は選択したアトラクションの満足度の総和とし，制約条件は下記とする．

- 総移動時間が制限時間内に収まること．
- アトラクションを選んだら，訪れること．
- アトラクションに入ったら出ること．
- 入口から接続していること（持ち上げポテンシャル制約）．

実行

In [ ]:
```
def solve_route(dfa, dft, limit_time, lower=0):
    """
    入口（index=0）から複数のアトラクションをまわり時間内に
        満足度最大のものを選ぶ
    入力
        dfa: 催し物表（アトラクション,満足度,滞在時間）
        dft: 移動時間表（I:点i, J:点j, 移動時間）
        limit_time: 制限時間
```

```
            lower: 最低アトラクション数
        出力
            満足度の和，時間，利用順序
        """
        dfa, dft = dfa.copy(), dft.sort_values(['I', 'J'])
        m = LpProblem(sense=LpMaximize)
        dfa['VarS'] = [1] + addvars(n - 1)  # 催し物を選ぶか
        dft['VarIJ'] = addbinvars(len(dft))  # IからJに行くか
        # JからIに行くか
        dft['VarJI'] = dft.sort_values(['J', 'I']).VarIJ.values
        u = [0] + addvars(n - 1)  # 入口から何番目か
        m += lpDot(dfa.満足度, dfa.VarS)  # 目的関数
        e = (lpDot(dfa.滞在時間, dfa.VarS)
            + lpDot(dft.移動時間, dft.VarIJ))
        m += e <= limit_time  # 制限時間
        for _, r in dfa.iterrows():
            # 選んだら来る
            m += r.VarS == lpSum(dft[dft.J == r.name].VarIJ)
        for _, v in dft.groupby('I'):
            m += lpSum(v.VarIJ) == lpSum(v.VarJI)  #入ったら出る
        qry = dft.query('I!=0 & J!=0')
        for _, (i, j, _, vij, vji) in qry.iterrows():
            m += u[i] + 1 - (n - 1) * (1 - vij) + (
                n - 3) * vji <= u[j]  # 持ち上げポテンシャル制約
        for _, (_,j,_,v0j,vj0) in dft.query('I==0').iterrows():
            # 持ち上げ下界制約
            m += 1 + (1 - v0j) + (lower - 3) * vj0 <= u[j]
        for _, (i,_,_,vi0,v0i) in dft.query('J==0').iterrows():
            # 持ち上げ上界制約
            m += u[i] <= (n - 1) - (1 - vi0) - (n - 3) * v0i
        m.solve()
        if m.status != 1:
            return -1, -1, []
        dft['ValIJ'] = dft.VarIJ.apply(value)
        dc = dict(dft[dft.ValIJ > 0.5].values[:, :2])
        return value(m.objective), value(e), [
            dfa.アトラクション[i] for i in take(
                int(value(lpSum(dfa.VarS))) + 1,
                iterate(lambda k: dc[k], 0))
        ]
solve_route(dfa, dft, 200)
```

```
Out [ ]:
(405.0,
 200.0,
 ['入口','カップ','お化け屋敷','コースター','迷路',
  '観覧車','レストラン','喫茶','入口'])
```

結果の表示

7つのアトラクションをまわり，滞在時間と移動時間の和がちょうど200で，総満足度が405となった．

8.5 巡視船の航路を決めよう

問題

不審船を見つけるために，巡視船で調査する．エリアは，10 × 10 の 100 マス (0〜99) とし，隣のマスへの移動は 10 分かかる．時間帯（10 分）ごとのマスごとの発見確率は，過去の実績から推定済みである．どのように航路を決めればよいか？

モデル化の方針

マス 0 を出発し，24 時間後にマス 0 に戻ってくる航路の中で，**1 隻も見つからない確率**が最小となる航路を求める．航路の i 番目のマスの発見確率を P_i とすると，1 隻も見つからない確率は $\prod_i (1 - P_i)$ となる．log を取れば，線形の式になる．したがって，距離を $\ln(1 - P)$，時間幅を 10 分とした時空間ネットワーク[*1] で最短路を求めればよい．ただし，距離は負になっている．最短路のホップ数は 144 (6 × 24) で確定なので，各辺間の距離に $+a$ しても最短路は変わらない．そこで，最小の距離が 0 になるようにすれば，ダイクストラ法が使える．

[*1] 9.10 節を参照．

実行

発見確率は乱数で生成する．

```
In [ ]:
```

```
nt = 6 * 24    # 時間数(10分刻みで24時間分)
```

```
N = 10    # 10x10のマス
np.random.seed(1)
# 時間帯ごとエリアごとの発見確率
df = pd.DataFrame(np.random.rand(nt, N*N))
df = np.log(1 - df) # 見つからない確率(1 - df)のlogをとる
df -= df.min().min() # 最小値を0にする
g = nx.Graph() # ノード = 時刻×N*N+マス番号
for t, *r in df.itertuples():
    for i, j in product(range(N), range(N)):
        k1 = t*N*N + i*N + j
        for di,dj in [(-1,0), (0,-1), (0,0), (0,1), (1,0)]:
            if 0 <= i+di < N and 0 <= j+dj < N:
                k2 = (i+di)*N + j+dj
                # 時空間ネットワークの接続をする
                g.add_edge(k1, (t+1)*N*N+k2, weight=r[k2])
# 最短路を求める
res = np.array(nx.dijkstra_path(g, 0, nt*N*N))
```

結果の表示

格子状の位置（pos）を指定し描画する．

In [ ]:

```
h = nx.Graph()
h.add_edges_from([(i, j) for i, j in pairwise(res%(N*N))])
pos = {(i*N+j):(i,j) for i in range(N) for j in range(N)}
nx.draw(h, pos=pos, node_size=100)
```

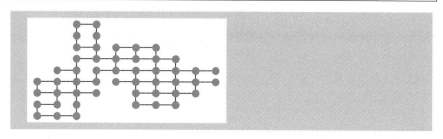

8.6 学区編成問題

問題

本州の 34 都府県[*2] から 1 県 1 人ずつ,「青森,山梨,山口のいずれかの学校」に通うものとする.定員はそれぞれ 7, 21, 6 人とする.隣接県への移動時間は 1 とし,全学生の総移動時間を最小化する学区の割当を求める.

[*2] 本州の都府県の隣接情報と描画のために japan-map ライブラリーを使う.

モデル化の方針

下記のような多品種ネットワークを考える.

- 青森,山梨,山口以外の需要を -1 とする.
- 青森,山梨,山口を代表とする 3 つの本州を複製し,おのおのの中で隣接させる.
- 「3 つの本州」の代表の「青森,山梨,山口」の需要をそれぞれ 6, 20, 5 とする.
- 代表点以外の需要点から 3 つの本州の同じ県にリンクをはる.

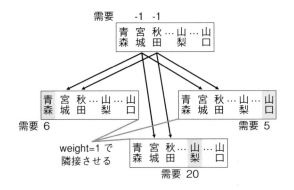

実行

有向グラフを作成し,**最小費用流問題**を解けばよい.

```
In [ ]:
```

```
本州   = np.arange(2, 36)
代表点 = {pc('青森'): 7, pc('山梨'): 21, pc('山口'): 6}
代表以外 = set(本州) - 代表点.keys()
g = nx.DiGraph()    # グラフ作成
```

```
g.add_nodes_from(代表点, demand=0)
g.add_nodes_from(代表以外, demand=-1)
for i, dem in 代表点.items():
    nwl = i * 100  # 本州の複製用
    g.add_nodes_from(nwl+本州, demand=0)
    g.node[nwl+i]['demand'] = dem-1
    g.add_edges_from((j, nwl+j) for j in 代表以外)
    g.add_edges_from(((nwl+j, nwl+k) for j in 本州
                      for k in adjacent(j)), weight=1)
res = nx.min_cost_flow(g)
```

結果の表示

きれいに分かれていることが確認できる．

In [ ]:

```
dc = dict(zip(代表点,['red','yellow','orange']))
dc.update({i: dc[j // 100] for i, t in res.items()
           for j, v in t.items() if v and i < 100})
pref_map(本州, cols=[dc[i] for i in 本州], width=4)
```

Out [ ]:

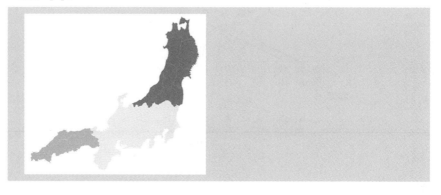

8.7 ゲーム理論の混合戦略

問題

じゃんけんの利得表を表8.1のようにしたとき，得点の期待を最大化せよ

（自分がグー（G）で勝つと，得点が4倍になる）．

表 8.1　じゃんけんの利得表

自分＼相手	G	C	P
G	0	4	−1
C	−1	0	1
P	1	−1	0

モデル化の方針

零和ゲームの場合，最適混合戦略は線形最適化で解ける[*3]．自分がグー，チョキ，パーを出す割合を x, y, z とする（**混合戦略**）．このとき，$x + y + z = 1$ である．期待値は，相手がグーの場合 $-y + z$，相手がチョキの場合 $4x - z$，相手がパーの場合 $-x + y$ になる．この3つの期待値の最小値（w）を最大化しよう．そうすれば，相手がどんな手を出そうが，期待値は w 以上になる．

[*3] 参考文献 [14]『Excelで学ぶOR』を参照されたい．

実行と結果

定式化して解く．

In [ ]:
```
def game(pr):
    m = LpProblem(sense=LpMaximize)  # 数理モデル
    xyz = addvars(3)  # 変数 x,y,z
    w = addvar(lowBound=None)  # 変数 w
    m += w  # 目的関数
    m += lpSum(xyz) == 1  # 制約条件
    for i in range(3):
        m += lpDot(pr[:, i], xyz) >= w  # 制約条件
    m.solve()  # 求解
    print(value(w), [value(v) for v in xyz])
pr = np.array([[0, 4, -1], [-1, 0, 1], [1, -1, 0]])  #利得表
game(pr)
```

Out [ ]:
```
0.16666667 [0.16666667, 0.33333333, 0.5]
```

結果から，自分がグー，チョキ，パーを $1/6, 1/3, 1/2$ の割合で出すと，相手がどんな手を出してきても期待値を $1/6$ にできることがわかる．

逆に相手の混合戦略を計算してみよう．自分と相手を変えるには，利得表を転置し，−1 倍すればよい．

In [ ]:
```
game(-pr.T)
```

Out [ ]:
-0.16666667 [0.33333333, 0.16666667, 0.5]

相手は，どんなに頑張っても期待値は −1/6 になる．「自分の問題」の双対問題の目的関数を −1 倍すると，相手の問題になる．したがって，両者の期待値を足すと必ず 0 になる．

8.8　最長しりとりを求める

問題

C++ 言語のキーワード（単語）を使って，しりとりを行う．開始の単語が任意に選べるとき，単語数が最も多いしりとりを求めよ．

モデル化の方針

アルファベットを頂点とし，単語を有向辺とする多重有向グラフの単語グラフ **g** を作成する（図 8.3）．**start** という頂点を作成し，start から全ての頂点に有向辺を作成する．また，**end** という頂点を作成し，全ての頂点から end に有向辺を作成する．

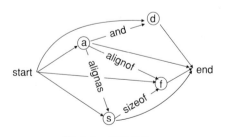

図 **8.3**　単語グラフ

この単語グラフを元に数理モデルを作成する．まず，有向辺ごとに 0-1 変

数を作成する．目的関数は，全ての変数の和とする．下記の制約条件を作成する．

- start から出る辺の変数の合計=1
- end に入る辺の変数の合計=1
- 残りの頂点ごとに，入る辺の変数の合計=出る辺の変数の合計

このモデルを解いてできる**最長しりとりの単語**から新しく多重有向グラフ h を作成する．h に end から start への有向辺を追加し**オイラー閉路**とする．最後に，start から始まるオイラー閉路を `eulerian_circuit` で求めて最長しりとりとする．

実行と結果

キーワードを kw に設定し，単語グラフ g を作成する．

In [ ]:

```
kws = """\
alignas,alignof,and,and_eq,asm,auto,bitand,bitor,bool,
break,case,catch,char,char16_t,char32_t,class,compl,const,
constexpr,const_cast,continue,decltype,default,delete,do,
double,dynamic_cast,else,enum,explicit,export,extern,false,
float,for,friend,goto,if,inline,int,long,mutable,namespace,
new,noexcept,not,not_eq,nullptr,operator,or,or_eq,private,
protected,public,register,reinterpret_cast,return,short,
signed,sizeof,static,static_assert,static_cast,struct,
switch,template,this,thread_local,throw,true,try,typedef,
typeid,typename,union,unsigned,using,virtual,void,volatile,
wchar_t,while,xor,xor_eq""".replace('\n', '').split(',')
g = nx.MultiDiGraph()    # 単語グラフ
g.add_nodes_from(['start', 'end'])
for kw in kws:
    g.add_edge(kw[0], kw[-1], word=kw, var=addbinvar())
for nd in list(g.node)[2:]:
    g.add_edge('start', nd, word='', var=addbinvar())
    g.add_edge(nd, 'end', word='', var=addbinvar())
```

変数表 df と数理モデル m を作成し，解く．

In [ ]:

```
df = pd.DataFrame([(fr, to, k, d['word'], d['var'])
    for (fr, to, k), d in g.edges.items()],
    columns=['From', 'To', 'Key', 'Word', 'Var'])
m = LpProblem(sense=LpMaximize)
m += lpSum(df.Var)  # 目的関数
m += lpSum(df[df.From == 'start'].Var) == 1
m += lpSum(df[df.To == 'end'].Var) == 1
for nd in list(g.nodes())[2:]:
    m += (lpSum([t[2] for t in g.in_edges(nd, data='var')])
        == lpSum([t[2] for t in g.edges(nd, data='var')]))
m.solve()  # 求解
```

オイラー閉路を作成し結果を得る．長さは 35 となる．

In [ ]:

```
h = nx.MultiDiGraph()  # 解から新しいグラフを作成
addvals(df)
for row in df[df.Val > 0.5].itertuples():
    h.add_edge(row.From, row.To, word=row.Word)
h.add_edge('end', 'start')  # オイラー閉路に
res = [h[f][t][k]['word'] for f, t, k in list(
    nx.eulerian_circuit(h, 'start', True))[1:-2]]
len(res), ' - '.join(res)
```

Out [ ]:

```
(35, 'alignas - sizeof - float - throw - wchar_t - thread_local - long
 - goto - or - register - return - not - typename - else - enum - mutable
 - extern - noexcept - typeid - do - operator - reinterpret_cast - true
 - export - template - explicit - typedef - friend - dynamic_cast - this
 - static - class - signed - default - try')
```

8.9 最短超文字列問題を解く

問題

文字列の集合 $S = \{s_1, s_2, \ldots, s_n\}$ が与えられたとき，S 中の全ての文字列を部分文字列として含み，長さが最短となる文字列（最短超文字列）を求めよ[*4]．

[*4] 応用として，塩基配列の断片から元の配列を推定する問題がある．たとえば，$S = \{$ACTA, GAC, GTC, TAG$\}$ ならば，最短超文字列は GAC TAGTC となる．

モデル化の方針

文字列の集合に空文字を加えて頂点とした有向グラフを考える．文字列 S から文字列 T への距離は，S と T を並べたときに伸びる長さとする．たとえば，GAC から ACTA への距離は，AC は重ねて TA の分伸びるので，2 となる．このグラフ上で空文字を開始点とした**巡回セールスマン問題**の解が，最短超文字列となる．

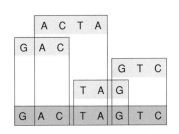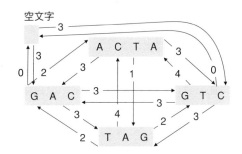

実行と結果

距離関数 dist を定義し，巡回セールスマン問題を解く．

In [ ]:

```
def dist(s, t):
    """sからtへの距離"""
    ns, nt = len(s), len(t)
    for i in range(ns - nt, ns):
        if s[i:] == t[:ns - i]:
            return nt - ns + i
    return nt
def shortest_superstring(words):
    """最短超文字列問題"""
    words = [''] + words  # 空文字追加
    dst = {(i, j): dist(s, t) for i, s in enumerate(words)
           for j, t in enumerate(words) if i != j}
    _, lst = tsp(words, dst)
    return ''.join(words[j][len(words[j]) - dst[i, j]:]
                   for i, j in pairwise(lst))
shortest_superstring(['ACTA', 'GAC', 'GTC', 'TAG'])
```

Out [ ]:

```
'GACTAGTC'
```

8.10 バラバラの写真を復元せよ！

問題

犯人のアジトに警察が踏み込んだところ，時すでに遅く，犯人は証拠の写真をシュレッダーにかけた後だった．シュレッダーにかけられた短冊状の切れ端を並べ替えて，写真を復元しよう．

モデル化の方針

短冊を頂点とし，短冊間のつながりやすさを距離とする巡回セールスマン問題を考える．この解は，全ての短冊を最も自然に並べ替える．

写真の用意

ここでは，1枚の写真を分割・シャッフルして，「シュレッダーにかけられた短冊状の切れ端」を作成する．その手順を以下に示す．まずは，任意の写真を読み込む．convert('L')でグレーに変換する．

In [ ]:

```
with request.urlopen('https://snap-photos.s3.amazonaws.com'
                    '/img-thumbs/960w/X8CW5LGMWI.jpg') as fd:
    im = Image.open(fd)   # 写真読込
    ar = np.array(im.convert('L').getdata())
ar = ar.reshape((im.height, -1))
plt.imshow(ar, cmap='gray');   # 表示
```

次に，シャッフルしてバラバラの写真を作る．

In [ ]:

```
wd = 20   # 短冊の幅
n = im.height // wd   # 分割数
sp = [ar[i * wd:(i + 1) * wd] for i in range(n)]
np.random.seed(0)
np.random.shuffle(sp)
plt.imshow(np.concatenate(sp), cmap='gray');   # バラバラ
```

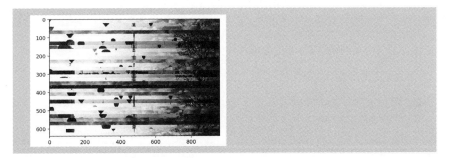

実行

「短冊の下端」と「もう一方の短冊の上端」の値の差分ベクトルを作成し，差分ベクトルの「小さい方から半分」のノルムを短冊間のつながりやすさとして計算し，距離行列 t を作成する．距離行列から距離の辞書 d を作成し，巡回セールスマン問題として解く．

In [ ]:

```
nn = int(im.width * 0.5) # 50%を使う
t = [[np.linalg.norm(np.sort(np.abs(sp[i][-1] - sp[j][0]))
    [:nn]) for j in range(n)] for i in range(n)]
d = {(i, j): t[i][j] for i in range(n) for j in range(n)}
lst = tsp(range(n), d)[1]   # 訪問順
```

結果の表示

得られた巡回セールスマン問題の訪問順に，短冊を並べ替えて表示する．

In [ ]:

```
res = [sp[lst[i]] for i in range(n)]
plt.imshow(np.concatenate(res), cmap='gray');
```

復元はできたが写真の上辺の位置が正しくない．順番をずらし，再度確認する．

In [ ]:
```
plt.imshow(np.concatenate(res[21:]+res[:21]), cmap='gray');
```

8.11 体育祭の写真選択

問題

1年1組のあなたは，体育祭の様子を記した冊子を作成することになった．クラスの20人の生徒から5枚ずつ，計100枚の写真を預かった．さて，どの写真を選べばよいか？ なお，写真は20枚以内に収めなければならない[5]．

生徒やPTAからは，以下の意見が得られた．

- 「写っている枚数（被写体数と呼ぶ）が少なすぎる生徒」が存在しないこと．
- 上の条件を満たした上で，なるべく被写体数を多くする．

[5] ミニマックス問題の変形となる．ミニマックス問題の詳細は，9.4節を参照．

8.11 体育祭の写真選択

写真データの作成

写真データ（どの写真に誰が写っているか）を作成する．

In [ ]:

```
ni, nj, nu = 20, 100, 20 # 生徒数，写真数，選択する写真数
生徒s = ['生徒%.2d'%i for i in range(1,ni+1)]
np.random.seed(1)
def mkst():
    return set(np.random.choice(生徒s,
        max(1,int(np.random.normal(4,2))), False))
df = pd.DataFrame([('写真%.3d'%j, mkst())
    for j in range(1, nj+1)], columns=['写真', '生徒'])
df[:2] # 最初の2行
```

Out [ ]:

	写真	生徒
0	写真 001	生徒 09, 生徒 19, 生徒 11, 生徒 04, 生徒 18, 生徒 14, 生徒 15
1	写真 002	生徒 03, 生徒 04

モデル化の方針

目的関数を「10 ×最小被写体数 + 総被写体数」として，モデルを作成する．

In [ ]:

```
m = model_max()              # 数理モデル
addbinvars(df)               # 写真ごとの選択
VarY = addvars(ni)           # 生徒ごとの被写体数
Ymin = addvar()              # 最小被写体数
m += 10*Ymin + lpSum(VarY)   # 目的関数
m += lpSum(df.Var) == nu     # 選択写真数
for yi, st in zip(VarY, 生徒s):
    m += yi == lpSum(row.Var for row in df.itertuples()
                     if st in row.生徒) # 各生徒の被写体数
    m += Ymin <= yi
```

1回目の実行と結果

まず，以下を解いて，最小数と平均を確認する．

In [ ]:

```
def solve_and_show(m, df, VarY, Ymin):
    m.solve()    # 求解
    addvals(df)  # 結果
    ValY = np.vectorize(value)(VarY)  # 結果
    print('%s 最小%d名 平均%.2f名'%
          (LpStatus[m.status], value(Ymin), sum(ValY)/ni))
    return ValY
ValY = solve_and_show(m, df, VarY, Ymin)
```

```
Optimal 最小5名 平均6.25名
```

次に選んだ写真を確認する．

In [ ]:

```
df[df.Val > 0.5].iloc[:3, :2]    # 最初の3行2列
```

Out [ ]:

	写真	生徒
0	写真001	生徒09, 生徒19, 生徒11, 生徒04, 生徒18, 生徒14, 生徒15
11	写真012	生徒09, 生徒19, 生徒18, 生徒10, 生徒02, 生徒07
13	写真014	生徒09, 生徒12, 生徒06, 生徒18, 生徒03, 生徒02, 生徒16

さらに，生徒ごとの被写体数を確認する．

In [ ]:

```
plt.plot(ValY)
plt.xlabel('Student')
plt.title('Count');
```

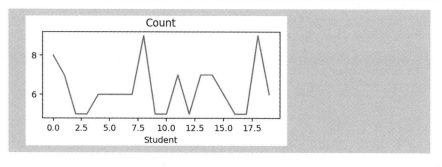

2 回目の実行と結果

選んだ写真を見てもらうと，早速「自分の提出した写真も選んでほしい」というリクエストがあった．そこで，「**各生徒の提出した写真から 1 枚ずつ選ぶこと**」を制約条件に追加して，再実行する．

In [ ]:

```
for t in chunked(df.itertuples(), 5):   # 各生徒提出の5枚組
    m += lpSum(row.Var for row in t) == 1    # 5枚組から1枚
ValY = solve_and_show(m, df, VarY, Ymin)
```

```
Optimal  最小5名  平均5.70名
```

このように，最小被写体数は 5 枚のままとなった．今度は満足してもらえるだろう．

8.12 凸多角形の最適三角形分割

問題

凸多角形に対角線を追加し，三角形に分割する．対角線の長さの総和を最小にする分割を求めよ．

モデル化の方針

- 対角線を引くか引かないかを 0-1 変数とする．
- 凸 N 角形に交差しないように，$N-3$ 本の対角線を引けば，三角形分割になる．
- 長さの和を最小化する．

多角形の準備

まずは，以下のように多角形を用意する．

In [ ]:

```
plt.rcParams['figure.figsize'] = 3, 3
plt.axes().set_aspect('equal', 'datalim')   # 縦横等比率
pos = np.array([[1,2],[2,0],[4,0],[6,1],[5,4],[4,5],[2,4]])
dcpos = dict(enumerate(pos))
```

```
n = len(pos)
g = nx.Graph()
g.add_edges_from([(i, (i+1) % n) for i in range(n)])
nx.draw_networkx(g, pos=dcpos, node_color='w')
```

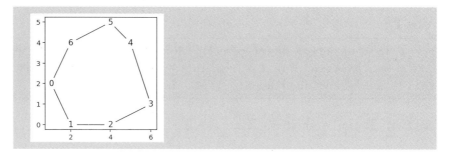

実行

点 I から点 J への対角線に対応した変数表を作成する．

In [ ]:

```
df = pd.DataFrame([(i, j, np.linalg.norm(pos[i] - pos[j]))
    for i in range(n) for j in range(i + 2, n - (i == 0))],
    columns='I J Dist'.split())
addbinvars(df)
df[:2]
```

Out [ ]:

	I	J	Dist	Var
0	0	2	3.605551	v000001
1	0	3	5.099020	v000002

2つの対角線の頂点番号が互い違いになると交差するので，同時に選ばないようにして解く．

In [ ]:

```
m = model_min()
m += lpDot(df.Dist, df.Var)    # 目的関数
m += lpSum(df.Var) == n - 3 # N-3本必要
for idx,i1,j1,_,v1 in df.itertuples():
    for _,i2,j2,_,v2  in df[idx+1:].itertuples():
```

```
        if i1 < i2 < j1 < j2:
            m += v1+v2 <= 1  # 交差させない
m.solve()
```

結果の表示

三角形分割できているのが確認できる.

In [ ]:

```
addvals(df)
g.add_edges_from(df[df.Val>0.5].values[:, :2])
nx.draw_networkx(g, pos=dcpos, node_color='w')
```

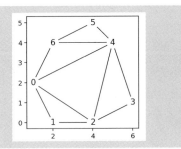

8.13 エデンの園配置の確認

問題

　セル・オートマトンにおいて，他のいかなる配置からも到達できない配置のことをエデンの園配置という．セル・オートマトンの一種である**ライフゲーム**の図（図 8.4[6]）が，エデンの園配置になっていることを示せ．

[6] 出典：http://www homes.uni-bielefeld.de/ achim/orphan_9th .html

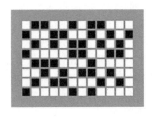

図 8.4　ライフゲームの図

モデル化の方針

「ある配置の 1 つ前の状態」が存在しない場合，その配置はエデンの園配置である．そこで，「ある配置（現在）の 1 つ前の状態（過去）」を求めるモデルを作る．その条件は，以下の通りである．

- 現在＝生：以下のいずれか
    - 過去＝生，過去の周り 8 マス＝ 2
    - 過去の周り 8 マス＝ 3

- 現在＝死：以下のいずれか
    - 過去の周り 8 マス <=1
    - 過去＝死，過去の周り 8 マス＝ 2
    - 過去の周り 8 マス >= 4

実行

変数 x を当該の過去，v を周り 8 マスの過去の生の数とする．当該が生の場合の条件は 3 <= v+x and 2v+x <= 7，死の場合の条件は v+x <= 2 or 4 <= v+x となる．OR 条件は線形式で表現できないので，0-1 変数 y を使って表現する．

In [ ]:

```
def checkEden(data):
    ni, nj = len(data), len(data[0])
    df = pd.DataFrame([(i, j, data[i][j] != '.')
        for i in range(ni) for j in range(nj)],
        columns=['行', '列', '値'])
    addbinvars(df)
    m = model_min()
    for row in df.itertuples():
        q = (f'{row.行-1} <= 行 <= {row.行+1}'
             f'&{row.列-1} <= 列 <= {row.列+1}')
        v = lpSum(df.query(q).Var) - row.Var  # 周り8マス
        if row.値:   # 3 <= v+x, 2v+x <= 7
            m += v + row.Var >= 3
            m += 2*v + row.Var <= 7
        else:   # v+x <= 2 or v+x >=4
            y = addbinvar()
            m += v + row.Var <= 2 + 7*y # y==0 → v+x <= 2
```

```
            m += v                >= 4*y      # y==1 → v >= 4
    m.solve()
    return LpStatus[m.status]
```

結果の表示

In [ ]:

```
checkEden("""\
.##..#.##...
#..##..#.#.#
.#.#.##.#.#.
#....##..##.
.###...#....
..#.#.##.#..
.#.##...#.#.
#....#.#....""".splitlines())
```

Out [ ]:

```
'Infeasible'
```

Infeasible なので，エデンの園配置であることがわかる．

8.14 麻雀のあがりの判定

問題

組合せ最適化を使い，麻雀であがりかどうかを判定する．以下に用語を示す．
- 雀頭（ジャントウ）：同じ牌2つ
- 面子（メンツ）：順子，刻子，槓子のいずれか
- 順子（シュンツ）：同じ種類で3つの順番に並んだ牌
- 刻子（コーツ）：同じ牌3つ
- 槓子（カンツ）：同じ牌4つ

ここでは簡単のため，あがり形は「雀頭が1つ，面子が4つ」だけを考え，面子に槓子は入れない．

モデル化の方針
- 条件を満たすかどうかだけ考え，目的関数はなしとする．
- 与えられた牌を使って，雀頭または順子または刻子となる組合せを列挙し，候補とする．
- 候補をうまく選んで，全ての牌をちょうど1回使うようにする．
- 雀頭をちょうど1つ選ぶ．

変数　　$x_i \in \{0, 1\}$　　　　　　x_i：i番目の候補を選ぶかどうか

制約条件　$\sum_i a_{ij} x_i = 1$　$\forall j \leq 13$　a_{ij}：i番目の候補に牌jが含まれるか

$\sum_{i \in H} x_i = 1$　　　　　H：雀頭の候補

この問題は，**集合分割問題**にあたる．

実行
- 麻雀の牌を萬子（マンズ：0〜8），筒子（ピンズ：10〜18），索子（ソーズ：20〜28），風牌（かぜはい：30,32,34,36），三元牌（さんげんぱい：38,40,42）の数字で表す．これにより，連続すれば順子になる．
- 14枚の牌（変数 hai）を入力とし，雀頭または面子を返す関数 calc を定義する．

In [ ]:

```
def calc(hai):
    cand = []   # 候補
    df = pd.DataFrame(sorted(hai), columns=['V'])
    sp = df.V.value_counts()
    for i in sp[sp >= 2].index:   # 雀頭候補作成
        cand.extend(combinations(df[df.V == i].index, 2))
    n2 = len(cand)   # 候補数
    for i in sp[sp >= 3].index:   # 刻子候補作成
        cand.extend(combinations(df[df.V == i].index, 3))
    c = df.V.unique()
    for i in range(len(c) - 2):   # 順子候補作成
        if c[i + 1] - c[i] == c[i + 2] - c[i + 1] == 1:
            cand.extend(product(df.index[df.V == c[i]],
                                df.index[df.V == c[i+1]],
                                df.index[df.V == c[i+2]]))
```

```
        m = LpProblem()    # 数理モデル
        vv = addbinvars(len(cand))    # 変数
        m += lpSum(vv[:n2]) == 1   # 雀頭は1つ
        dlst = [[] for _ in range(14)]    # 牌別候補番号リスト
        for i, ca in enumerate(cand):
            for j in ca:
                dlst[j].append(vv[i])
        for vs in dlst:
            m += lpSum(vs) == 1    # どれかの候補に1つ存在
        if m.solve() != 1:
            return None
        return [[df.V[j] for j in cand[i]] for i, v
                in enumerate(vv) if value(v) > 0.5]
```

結果の表示

以下の通り，雀頭と面子に分かれていることが確認できる．

In [ ]:

```
def show(n):
    if n < 30:
        return chr(ord('1') + n % 10) + '萬筒索'[n // 10]
    return '東西南北白発中'[n // 2 - 16]
hai = [0, 0, 0, 1, 2, 3, 4, 5, 6, 7, 8, 8, 8, 8]    # 牌
for i in calc(hai):
    for j in i:
        print(show(j), end=' ')
    print()
```

```
1萬 1萬
9萬 9萬 9萬
1萬 2萬 3萬
4萬 5萬 6萬
7萬 8萬 9萬
```

第9章 最適化アラカルト

本章では，Pythonと最適化にまつわる話をまとめた．

9.1 考え方：最適化プロジェクトの進め方

現実の問題を最適化で解決する手順を考えよう（図9.1）．ここでは，以下のステークホルダーを考える．

- 現実の問題を抱えている人．
- 問題解決を行う人（本書の読者）[*1]．

[*1] 問題を抱えている人と問題解決を行う人は同じ人でもよいが，異なるケースが多い．

最適化プロジェクトの流れは，以下の通りである．

1. 現実の**問題**を吟味する（問題設定）．
2. 問題を**モデル**に落とし込む（モデル設計）．
3. 設計されたモデルを，実際に実行できるプログラム上のモデルにする（モデル作成）．

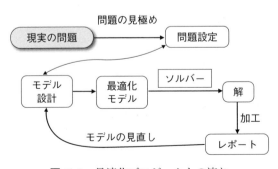

図 9.1 最適化プロジェクトの流れ

4. ソルバーで解く．
5. 結果を見ながらモデルを改良し，モデル設計に戻る．

　問題を抱えている人は，「必要十分な問題設定」をした上で，問題に取り組んでいるわけではない．結果を見て初めて，問題設定やモデル設計に間違いがあることに気づくことになる．これは，避けようとしても避けられないので，モデルの見直しは必須といえる．問題設定とモデル設計は，行ったり来たりすることになる．

　同じ問題でもモデルの選び方は色々あり，正解はない．したがって，問題解決を行う人には，さまざまなモデルを検討できる能力が必要になる．現実の問題は複雑すぎるので，モデルの見直しはきりがない．終了条件は前もって決めるようにしよう．

検証について

　問題設定とモデル設計のギャップの確認を**妥当性の検証**，モデル設計とモデル作成のギャップの確認を**正当性の検証**と呼ぶことにする．

　妥当性の検証は，日々その問題と格闘している「問題を抱えている人」にしか行えない．一方，正当性の検証は，問題解決を行う人でもできる．全ての制約条件を満たしているかどうかは，パラメーターを変化させたときに，解が想定通りに変化するかを見ればよい．正当性が保証され，なおかつ妥当性を保証されなければ，問題解決の役には立たない．

OR（オペレーションズ・リサーチ）の心得

　組合せ最適化のプロジェクトにおいては，現実の問題は複雑な制約条件が多いこと，計算時間の見積もりが困難といったことから，通常のシステム開発とは異なる心構えが必要となる．以下に，著者の指針を紹介する．

1. プロフェッショナルとしての自覚を持とう．
2. 真摯に行動しよう．
3. 目的をはっきりさせよう．
4. モデルはシンプルにしよう．
5. バランスに気をつけよう．
6. 結果からモデルを見つめ直そう．
7. 効果を生み出そう．

> ### コラム：LpProblem という名称
>
> 最適化の数理モデルを PuLP で作成するとき，`LpProblem` 関数を使う．Problem なので最適化問題を表しているが，問題ではなくモデルと呼ぶべきである．なぜなら，問題は解決したいと思っていることであり，モデルはコンピューターで扱えるように表現されたものだからである．結果を見直すときに変えるのは，問題ではなくモデルである．そのため，ortoolpy ライブラリーでは，`model_min` と `model_max` という名前にした．

9.2　話題：ソルバーの威力

最適化問題を解くソルバーの威力（性能）を，ランダムで簡単な問題（ナップサック問題）を使って確認する．

ランダムなナップサック問題を作成

アイテム数 n のナップサック問題を作成する．最適解が総アイテム数の 8 割くらいになるように調整している．

In [ ]:

```
import numpy as np
from pulp import (LpProblem, LpMaximize, LpVariable
                  LpBinary, lpDot)
def make(n):
    np.random.seed(1) # 乱数シードの設定により同じ乱数を生成
    w = 1 + np.random.rand(n)
    p = w + np.random.randn(n) * 0.1
    m = LpProblem(sense=LpMaximize)
    v=[LpVariable('x%05d'%i,cat=LpBinary) for i in range(n)]
    m += lpDot(p, v)
    m += lpDot(w, v) <= int(n*1.25)
    return m
```

計算時間を調べる

アイテム数を変えながら，計算時間を見てみよう．なお，本節のみ有料の

最適化ソルバーを用いているので注意されたい．

In [ ]:
```
m = make(10000)
%timeit -n 3 m.solve()
```

3 loops, best of 3: 222 ms per loop

In [ ]:
```
m = make(20000)
%timeit -n 3 m.solve()
```

3 loops, best of 3: 486 ms per loop

In [ ]:
```
m = make(50000)
%timeit -n 3 m.solve()
```

3 loops, best of 3: 1.38 s per loop

In [ ]:
```
m = make(100000)
%timeit -n 3 m.solve()
```

3 loops, best of 3: 2.64 s per loop

まとめ

n 個のアイテムがあったときに，選択の仕方の可能性数は，2^n 通りある．また，この計算時間は厳密解を求めるまでの時間なので，この可能性を（ほぼ[*2]）全て調べている．上の実行結果を以下にまとめる．

[*2] デフォルトの MIP gap は 0 でないため，ほぼとしている．

アイテム数	計算時間 (秒)	解の可能性数
10000	0.22	2.00×10^{3010}
20000	0.49	3.98×10^{6020}
50000	1.38	3.16×10^{15051}
100000	2.64	9.99×10^{30102}

解の可能性数は，アイテム数に対して指数的に増えていく．しかし，計算時間は線形に近い．また，10の3万乗という途方もない組合せを調べるのも，3秒以下である．以上から，最近のソルバーがいかに高性能かがわかる．ただし，組合せ最適化の問題の種類や定式化の仕方によっては，性能が著しく悪くなることもあるので，注意が必要である．

9.3　話題：ナップサック問題の結果の図示

ナップサック問題の厳密解法（ortoolpy.knapsack），貪欲法（greedy），吝嗇法（stingy）の3つの解法を図で比較する．荷物は効率（価値／大きさ）順に並び変える．貪欲法では効率の良い順に調べていき，容量を超過しないように入れていく．吝嗇法では効率の悪い順に調べていき，該当荷物以降が入るなら入れていく．

100個の荷物に対し，大きさは(0.1, 1.0)の一様乱数とし，価値は大きさに対数正規乱数を掛けて作成する．また，ナップサックの容量を0.1刻みで変えて，繰り返し解く．

In [ ]:

```
%matplotlib inline
import numpy as np, matplotlib.pyplot as plt
from ortoolpy import knapsack  # 厳密解法
def greedy(siz, prf, capa):  # 貪欲法
    p, r = 0, []
    for i in range(len(siz)-1, -1, -1):
        if siz[i] <= capa:
            capa -= siz[i]
            p += prf[i]
            r.append(i)
    return p, r
def stingy(siz, prf, capa):  # 吝嗇法
    p, r = 0, []
    rm = siz.sum()
    for i in range(len(siz)):
        if 0 < rm-siz[i] <= capa and siz[i] <= capa:
            capa -= siz[i]
            p += prf[i]
```

```
                r.append(i)
            rm -= siz[i]
    return p, r
np.random.seed(0)
n = 100  # アイテム数
siz = np.random.uniform(0.1, 1.0, n)  # 大きさ
prf = siz * np.random.lognormal(1, 0.1, n)  # 価値
eff = prf / siz  # 効率
siz, prf, eff = np.array([siz,prf,eff]).T[eff.argsort()].T
pl1, pl2, pl3, rl1, rl2, rl3 = [], [], [], [], [], []
for capa in np.arange(0.1, siz.sum() + 0.1, 0.1):
    p1, r1 = knapsack(siz, prf, capa)
    pl1.append(p1)
    rl1.append([int(i in r1) for i in range(n)])
    p2, r2 = greedy(siz, prf, capa)
    pl2.append(p2)
    rl2.append([int(i in r2) for i in range(n)])
    p3, r3 = stingy(siz, prf, capa)
    pl3.append(p3)
    rl3.append([int(i in r3) for i in range(n)])
plt.imshow(1 - np.array(rl1).T, cmap='gray')
plt.show()
plt.imshow(1 - np.array(rl2).T, cmap='gray')
plt.show()
plt.imshow(1 - np.array(rl3).T, cmap='gray');
```

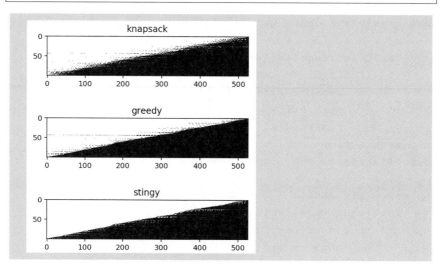

図は，横軸がナップサックの容量，縦軸が荷物を表し，黒は荷物が入ったことを表す．厳密解法では斜めの境界（白黒の境界）付近で白と黒が混じる．貪欲法では下から詰めていき，境界の上に小さいものが若干入る．吝嗇法では上から詰めていき，境界の下に入らないものが若干抜ける．

貪欲法の効率をグラフで見ると，厳密解の目的関数の値を分母としており，ほぼ1に近く厳密解にかなり近いことがわかる．

In [ ]:
```
plt.ylim((0.9, 1.02))
plt.hlines(1, 0, len(pl1))
plt.plot(np.array(pl2[2:]) / np.array(pl1[2:]));
```

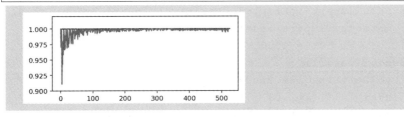

一方，吝嗇法の効率をグラフで見ると，貪欲法に比べると精度が悪いことがわかる．

In [ ]:
```
plt.ylim((0.9, 1.02))
plt.hlines(1, 0, len(pl1))
plt.plot(np.array(pl3[2:]) / pl1[2:]);
```

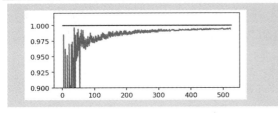

以上から「荷物が多ければ，貪欲法でもかなり精度が良い」といえる．

9.4 話題：ミニサムとミニマックスとは

ミニサム問題とは合計（サム：sum）を最小化（ミニ：min）する問題で，

ミニマックス問題とは最大値（マックス：max）を最小化（ミニ：min）する問題である．避難計画問題に当てはめると，次のようになる．

- ミニサム問題：全員の避難時間の合計→最小化．
- ミニマックス問題：最も逃げ遅れる人の避難時間→最小化．

一般に最適化ソルバーでは，ミニマックス問題よりミニサム問題の方が解きやすいといえる．例題で確認する．

In [ ]:

```
%matplotlib inline
import numpy as np, pandas as pd, matplotlib.pyplot as plt
from pulp import LpProblem, LpBinary, lpDot, lpSum, value
from ortoolpy import addvar, addvars
商品数, ユーザ数 = 1000, 100
np.random.seed(1)
df = pd.DataFrame(np.random.rand(商品数, ユーザ数),
    index=[f'商品{i:03}' for i in range(商品数)],
    columns=[f'ユーザ{j:02}' for j in range(ユーザ数)])
addvars(df)
df[:2]
```

Out [ ]:

	ユーザ 00	ユーザ 01	...	ユーザ 99	Var
商品 000	0.417	0.720	...	0.617	v000001
商品 001	0.327	0.527	...	0.949	v000002

1000個の商品に対して，100人のユーザがバラバラの費用感を持っている．下記の問題に対して，$2 \times n$ 個の商品の中から，n 個を選ぶ．

- ミニサム問題：全ユーザの費用感の合計→最小化
- ミニマックス問題：各ユーザの費用感の最大値→最小化

商品の数を変えながら，計算時間を調べる．

In [ ]:

```
it = [100, 200, 500, 1000]   # 商品数リスト
tm = []
for n in it:
```

```
    dfs = df[:n]
    m1 = LpProblem()    # ミニサム問題
    m1 += lpDot(dfs.T[:-1].sum(), dfs.Var)   # 合計(サム)
    m1 += lpSum(dfs.Var) <= n // 2
    m1.solve()
    m2 = LpProblem()    # ミニマックス問題
    y = addvar()
    # y >= max(ユーザj の価値)
    for j in range(ユーザ数):
        m2 += y >= lpDot(dfs.iloc[:, j], dfs.Var)
    m2 += y   # 合計(マックス)
    m2 += lpSum(dfs.Var) <= n // 2
    m2.solve()
    tm.append((m1.solutionTime, m2.solutionTime))
plt.plot(it, tm)
plt.legend(['min-sum','min-max'], loc='upper left');
```

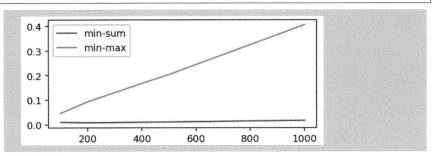

　ミニサム問題に比べて，ミニマックス問題の方がかなり時間がかかる．これは，ミニサム問題に比べてミニマックス問題は最適解が非常に多く，ソルバーでは全ての可能性を探索するので，最適解が多いと時間がかかるためである．

　目的関数をミニマックスにするのをやめて，「最大値をしきい値以下とする」という制約条件を追加すると，ソルバーの計算時間を短くできる．ただし，しきい値は別の方法で探さなければならない．

9.5　考え方：ビンパッキング問題の解き方

　組合せ最適化問題には特有の難しさがある．また，同じ問題であっても複数のモデル化の方法があり，モデルごとに優劣があるため，どのようにモデル化するかが重要になる．ここではビンパッキング問題[3]を例に，工夫の仕

[3] ビンパッキング問題とは，たとえば，いくつかの重量物を10tトラックで運ぶ場合に，なるべく少ないトラック数を求めるような問題である．

方を説明する．

問題

容量 $c(>0)$ の箱と n 個の荷物 $N = \{1,\ldots,n\}$ が与えられている．荷物 $i \in N$ の容量を $w_i(>0)$ とする．全ての荷物を詰め合わせるのに必要な箱の個数を最小にする詰め合わせを求めよ．

素直な定式化

まず，以下に素直な定式化を示す．ただし，これはソルバーにとって解きにくい形であり，計算に非常に時間がかかる．

目的関数	$\sum_i y_i$	箱数 → 最小化
変数	$x_{ij} \in \{0,1\} \ \forall i,j$	荷物 i に箱 j を入れるかどうか
	$y_j \in \{0,1\} \ \forall j$	箱 j を使うかどうか
制約条件	$\sum_j x_{ij} = 1 \ \forall i$	荷物 i をどれかの箱に入れる
	$\sum_i w_i x_{ij} \leq c \ \forall j$	箱 j の容量を満たす
	$x_{ij} \leq y_j \ \forall i,j$	y に関する制約

一度に解くより，箱の数を仮に固定して解が存在するかどうかを調べ，外側のループで箱の数を変えていく 2 段階で解く方法の方が結果的に早く解ける．以下に，箱の数を固定した場合の定式化 A と B を示す．

2 段階定式化 A

変数 y を削除した形式になっている．

目的関数	なし	
変数	$x_{ij} \in \{0,1\} \ \forall i,j$	荷物 i に箱 j を入れるかどうか
制約条件	$\sum_j x_{ij} = 1 \ \forall i$	荷物 i をどれかの箱に入れる
	$\sum_i w_i x_{ij} \leq c \ \forall j$	箱 j の容量を満たす

2 段階定式化 B

ダミーの変数 y を用い，必ず実行可能領域がある形式である．

目的関数	y		容量を超える分 → 最小化
変数	$x_{ij} \in \{0,1\} \; \forall i,j$		荷物 i に箱 j を入れるかどうか
	$y \geq 0$		容量を超える分
制約条件	$\sum_j x_{ij} = 1 \; \forall i$		荷物 i をどれかの箱に入れる
	$\sum_i w_i x_{ij} \leq c + y \; \forall j$		箱 j の容量を満たす

定式化 A と B には，それぞれ以下のような特徴がある．

定式化	解が存在するとき	解が存在しないとき
2 段階定式化 A	非常に時間がかかる	すぐに終わる
2 段階定式化 B	すぐに終わる	非常に時間がかかる

このことから，A と B を並列に実行すれば解が存在するかどうかがすぐにわかる．箱の数は 2 分探索すれば，効率的に求められる．

近似解法でよい場合

厳密解法の定式化では解の対称性（箱 X と箱 Y を交換してもよいこと）があるため，効率が悪い．したがって，実務では近似解法を使うことが多いだろう．

ビンパッキング問題を解く近似解法としては，列生成法がある．近似解法ではあるが，精度が期待できる．なお，ortoolpy.binpacking は列生成法を行っている[*4]．また，その他の近似解法として，貪欲法や局所探索法もよく使われる．

[*4] 詳細は，参考文献 [12]『はじめての列生成法』を参照されたい．

9.6　考え方：ビンパッキング問題に対するアプローチの比較

ビンパッキング問題に対する，定式化ベースの 6 つのアプローチを比較する．この節の結果は，入力によって傾向が変わる可能性もあるので注意されたい．

問題

20 個の色々なサイズのアイテムを 3 つの箱になるべく均等に入れる．

アプローチと計算時間のまとめ

- アプローチ 0（13.8 秒）：「平均からの増分」の和の最小化
- アプローチ 1（4.3 秒）：上限で抑える（上限は別途ループで探す）
- アプローチ 2（8.5 秒）：上限で抑える（非対称性の制約条件を追加する）
- アプローチ 3（60 秒）：最大値の最小化
- アプローチ 4（0.1 秒[*5]）：最小値の最大化
- アプローチ 5（252 秒）：平均からの差分の 2 乗を線形区分近似

結果に対する考察

- アプローチ 1 のように目的関数を設定せずに上限で抑える制約条件で平準化するのが高速だが，上限を探すためのループが必要である．ループの分も入れると，トータルではアプローチ 0 より遅くなる．
- アプローチ 2 のように対称性を崩す制約条件を入れても遅くなる．
- アプローチ 0 の「平均からの増分」の和の最小化が最も良い．アプローチ 3 の「最大値の最小化」やアプローチ 4 の「最小値の最大化」に比べると対称性が少ないからであると思われる．「最大値の最小化」と「最小値の最大化」は遅い．
- アプローチ 5 のように凸 2 次関数を区分線形で近似すると，他のアプローチより分散が小さい解になる可能性があるが，非常に遅い．

確認のためのコードを以下に示す．問題は乱数で作成した．

In [ ]:
```
import numpy as np
from pulp import LpProblem, lpSum
from ortoolpy import addvar, addvars, addbinvars
n1, n2 = 3, 20  # 箱数，アイテム数
np.random.seed(1)
sz = np.random.randint(1, 1000000, n2)  # サイズ
```

- アプローチ 0（「平均からの増分」の和の最小化）は，以下の通りである[*6]．

In [ ]:
```
m = LpProblem()
x = np.array(addbinvars(n1, n2))
```

[*5] アプローチ 4 は，おそらく CBC のバグのため最適解ではない．それ以外は，全て最適解（アプローチ 5 は関数近似だが，たまたま厳密解）となった．

[*6] lpSum(sz * x[i]) は，lpDot(sz, x[i]) と同じである．引数が NumPy の配列または pandas.Series の場合，lpDot より lpSum の方が若干高速である．

```
y = addvars(n1)
z = addvar()
m += z   # 目的関数
for j in range(n2):
    m += lpSum(x[:, j]) == 1
for i in range(n1):
    m += y[i] == lpSum(sz * x[i])
    m += y[i] - sum(sz)/n1 <= z
%time m.solve()
```

- アプローチ1（上限で抑える）は，以下の通りである．数値2646137は，別途求める必要がある．

In [ ]:

```
m = LpProblem()
x = np.array(addbinvars(n1, n2))
y = addvars(n1)
for j in range(n2):
    m += lpSum(x[:, j]) == 1
for i in range(n1):
    m += y[i] == lpSum(sz * x[i])
    m += y[i] <= 2646137
%time m.solve()
```

- アプローチ2は，以下の通りである．アプローチ1のモデルに，合計が「ビン1 ≦ ビン2 ≦ ビン3」となる制約条件を追加している．

In [ ]:

```
m = LpProblem()
x = np.array(addbinvars(n1, n2))
y = addvars(n1)
m += lpSum(y)   # 目的関数（なくてもよい）
for j in range(n2):
    m += lpSum(x[:, j]) == 1
for i in range(n1):
    m += y[i] == lpSum(sz * x[i])
    m += y[i] <= 2646137
    if i:
        m += y[i-1] <= y[i]
```

```
%time m.solve()
```

- アプローチ3（最大値の最小化）は，以下の通りである．

In [ ]:

```
m = LpProblem()
x = np.array(addbinvars(n1, n2))
y = addvars(n1)
z = addvar()   # max
m += z   # 目的関数
for j in range(n2):
    m += lpSum(x[:, j]) == 1
for i in range(n1):
    m += y[i] == lpSum(sz * x[i])
    m += y[i] <= z
%time m.solve()
```

- アプローチ4（最小値の最大化）は，以下の通りである．

In [ ]:

```
m = LpProblem(sense=LpMaximize)
x = np.array(addbinvars(n1, n2))
y = addvars(n1)
z = addvar()   # min
m += z   # 目的関数
for j in range(n2):
    m += lpSum(x[:, j]) == 1
for i in range(n1):
    m += y[i] == lpSum(sz * x[i])
    m += y[i] >= z
%time m.solve()
```

- アプローチ5（平均からの差分の2乗を線形区分近似）は，以下の通りである．

In [ ]:

```
m = LpProblem()
x = np.array(addbinvars(n1, n2))
```

```
y = addvars(n1)    # sum
z = addvars(n1)    # diff
w = addvars(n1)    # cost
m += lpSum(w)      # 目的関数
for j in range(n2):
    m += lpSum(x[:, j]) == 1
for i in range(n1):
    m += y[i] == lpSum(sz * x[i])
    m += z[i] >=  (y[i]-sum(sz)/n1)
    m += z[i] >= -(y[i]-sum(sz)/n1)
    m += w[i] >= 0.2 * z[i]
    m += w[i] >= 0.5 * z[i] - 7.5
    m += w[i] >=       z[i] - 25
%time m.solve()
```

9.7 手法：線形緩和問題とは

「元の問題」の制約条件の一部または全部を削除してできる新たな問題を，元の問題の緩和問題と呼ぶ．緩和問題では制約条件がなくなっているので，実行可能領域は広がる．したがって，下記の特徴がある．

- 最大化問題の場合，緩和問題の最適解は元の問題の上界になる（最小化なら下界）．
- 緩和問題の最適解が元の問題で実行可能ならば，元の問題の最適解になる．
- 基本的に元の問題より解きやすくなる．

線形緩和とは，緩和の一種で整数制約を削除することである．線形緩和問題の他にも，**ラグランジュ緩和問題**[7] をはじめ，色々な緩和方法がある．

線形緩和は，たとえば分枝限定法で利用できる．また，近似解を得たり，感度分析したり，双対定理を証明したりできる．なお，曲線の関数を折れ線で表すことは**区分線形近似**と呼ばれ，緩和ではない．

例題（ナップサック問題）による確認

図示しやすいように，以下の3変数の混合整数最適化問題[8] であるナップサック問題を考えよう．

[7] 元の非線形最適化問題の制約条件を削除して，制約条件に違反する量をペナルティとして目的関数に加えてできる新たな問題を，元の問題のラグランジュ緩和問題と呼ぶ．適切なペナルティの重み（**ラグランジュ乗数**）を決めてやると，ラグランジュ緩和問題の最適解は，元の問題の最適解になる．したがってラグランジュ緩和問題は無制約になり，利用可能なアルゴリズムが増えて解きやすくなる．

[8] わかりやすい呼び方では，ナップサック問題は整数最適化問題になる．ここでは，より汎用的な混合整数最適化問題について成立する説明なので，あえてこのように呼んでいる．

混合整数最適化問題の定式化を以下に示す．

目的関数　$7x + 8y + 9z \to$ 最大化
制約条件　$6x + 7y + 8z \leq 14$
　　　　　$x, y, z \in 0, 1$

混合整数最適化問題の実行可能領域と最適解を図示する．格子点のみが実行可能領域で，立方体の内部は実行可能領域ではない（図 9.2）．

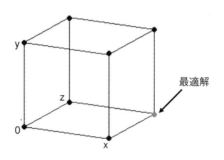

図 9.2　実行可能領域と最適解

混合整数最適化問題の Python による求解を以下に示す．

In [ ]:

```
from pulp import (LpProblem, LpMaximize, LpBinary,
                  LpVariable, lpDot, value)
m = LpProblem(sense=LpMaximize)  # 数理モデル
x,y,z = [LpVariable(c, cat=LpBinary) for c in 'xyz']  # 変数
m += lpDot([7,8,9], [x,y,z])  # 目的関数
m += lpDot([6,7,8], [x,y,z]) <= 14  # 制約条件
m.solve()  # 求解
print([value(v) for v in [x,y,z]])  # 出力
```

[1.0, 0.0, 1.0]

線形緩和問題の定式化を以下に示す．

目的関数　$7x + 8y + 9z \to$ 最大化
制約条件　$6x + 7y + 8z \leq 14$
　　　　　$x, y, z \geq 0,\ \leq 1$

線形緩和問題の実行可能領域と最適解を図示する．図 9.3 のグレーの部分

が実行可能領域である.

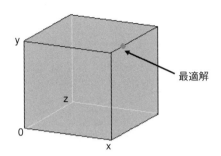

図 9.3　実行可能領域と最適解

線形緩和問題の Python による求解を以下に示す.

In [ ]:

```
from pulp import LpProblem,LpMaximize,LpVariable,lpDot,value
m = LpProblem(sense=LpMaximize)  # 数理モデル
# 変数
x,y,z = [LpVariable(c,lowBound=0,upBound=1) for c in 'xyz']
m += lpDot([7,8,9], [x,y,z])  # 目的関数
m += lpDot([6,7,8], [x,y,z]) <= 14  # 制約条件
m.solve()  # 求解
print([value(v) for v in [x,y,z]])  # 出力
```

```
[1.0, 1.0, 0.125]
```

一般的に線形緩和する方法

PuLP による一般の混合整数最適化モデル m は次のようにすれば,線形緩和できる.

In [ ]:

```
from pulp import LpContinuous
for v in m.variables():
    v.cat = LpContinuous
```

9.8 手法：緩和固定法

緩和固定法とは，全期間を一度に解くのが難しい場合，0-1変数を「固定値，0-1変数，連続変数」の3つの部分に分けて，分け方を変えながら繰り返し解く方法のことである（図9.4）．

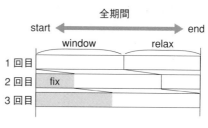

図 9.4 緩和固定法

ここでは，各反復で変数の種類ごとの範囲を出力するサンプルコードを示す．

In [ ]:
```
import pandas as pd
start = pd.datetime(2020, 1, 1)
end = pd.datetime(2020, 1, 14)
window = pd.Timedelta('7D')
fix = pd.Timedelta('3D')
last = end - window + fix - pd.Timedelta('1D')
rng = pd.date_range(start, last, freq=fix)
for i, d in enumerate(rng):
    t = d.date()
    print(f'{i+1}回目 ~{t}:fix ~{t+window}:window')
```

```
1回目    2020-01-01:fix    2020-01-08:window
2回目    2020-01-04:fix    2020-01-11:window
3回目    2020-01-07:fix    2020-01-14:window
```

9.9 手法：ローリング・ホライズン方式

ローリング・ホライズン方式とは，無限期間の問題を有限期間に区切って

繰り返し解く方法である．一度に解く期間の幅は window となる．1つ解いて得られた解の全ては使わず，前半の fix の部分だけ採用する．図 9.5 で，解として使われるのは，グレーに塗りつぶされた部分となる．

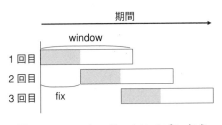

図 **9.5** ローリング・ホライズン方式

9.10 手法：時空間ネットワーク

時空間ネットワーク（図 9.6）とは，離散的に分割した時間帯に沿って空間ネットワークをつなげたものである．

空間に時間の概念を取り込むことにより，空間と時間を統一的に扱えるため，最短路問題，最大流問題，最小費用流問題などで用いられる．一方で，問題の規模が大きくなってしまうというデメリットがある．

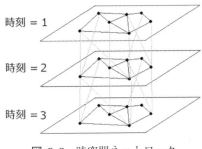

図 **9.6** 時空間ネットワーク

9.11 話題：双対問題

最適化において，重要な概念である双対問題を紹介する．双対問題は非線形最適化問題でも成立するが，ここでは，線形最適化問題に限ることにする．

任意の線形最適化問題は，以下のように表現できる．これを **主問題** と呼ぶことにする．

主問題

    目的関数 $c^T x \to$ 最小化

    制約条件 $Ax \geq b$

    変数 $x \geq 0$

この主問題に対して，次の双対問題が考えられる．

双対問題

    目的関数 $b^T y \to$ 最大化

    制約条件 $A^T y \leq c$

    変数 $y \geq 0$

これら2つの問題は，密接な関係にあり，以下の定理が成り立つ．

双対定理

  主問題と双対問題のどちらかが最適解を持つならもう一方も最適解を持ち，主問題の最小値と双対問題の最大値は等しい．

双対定理は，列生成法などの色々なアルゴリズムでも使われている．双対問題の双対問題は主問題となり，主問題と双対問題は対等の関係である．線形最適化問題では，双対問題の最適解から主問題の最適解を得られる．

双対問題は，どのような主問題でも考えられる．ここでは，Pythonで確認してみよう．

色々な双対問題の確認

準備としてライブラリーをインポートする．

In [ ]:
```
import dual
```

双対定理の主問題で確認すると，双対問題が出力される．

In [ ]:
```
%%dual
```

```
min c^T x
A x >= b
x >= 0
```

```
max b^T y
A^T y <= c
y >= 0
```

双対問題を与えると，主問題になる．

In [ ]:
```
%%dual
max b^T y
A^T y <= c
y >= 0
```

```
min c^T x
A x >= b
x >= 0
```

制約条件の不等号を等号に変えると，yが自由変数になる．

In [ ]:
```
%%dual
min c^T x
A x = b
x >= 0
```

```
max b^T y
A^T y <= c
```

xを自由変数にすると，双対問題の制約条件が等号になる．

In [ ]:
```
%%dual
min c^T x
A x >= b
```

```
max b^T y
```

```
A^T y = c
y >= 0
```

以下は，ちょっと複雑な問題である．

In [ ]:

```
%%dual
max c^T x + d^T z
A x - P z >= b
Q z <= f
x >= 0
```

```
min - b^T y + f^T w
-A^T y >= c
P^T y + Q^T w = d
y >= 0
w >= 0
```

同様に双対問題を与えると，主問題になる．

In [ ]:

```
%%dual
min - b^T y + f^T w
-A^T y >= c
P^T y + Q^T w = d
y >= 0
w >= 0
```

```
max c^T x + d^T z
Q z <= f
-A x + P z <= -b
x >= 0
```

9.12 手法：モンテカルロ法を用いた最短路の計算

確率的に移動時間が変わるグラフ上の最短路を求める方法を紹介する[9]．ま

---

[9] 乱数を用いてシミュレーションする手法をモンテカルロ法という．

ずは，サンプルのグラフを作成する．

In [ ]:

```
%matplotlib inline
import numpy as np, networkx as nx
m = 4   # 横の頂点数
g = nx.Graph()
for i in range(m):
    if i==0:
        g.add_edge(i, i+m, prob=[1], time=[1.9])   # 0-> 4
    else:
        g.add_edge(i, i+m, prob=[0.8,0.2], time=[1,6]) #縦
    if i < m-1:
        g.add_edge(i, i+1, prob=[1], time=[2])   # 横
        g.add_edge(i+m, i+m+1, prob=[1], time=[2])   # 横
n = g.number_of_nodes()
pos = {i:[i%m, i//m] for i in range(n)}
nx.draw_networkx(g, pos, node_color='w')
```

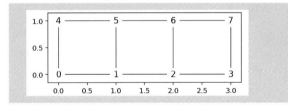

問題

上記の点 **0** から点 **7** への**最短路**を求める．条件は以下の通りである．

- 横の道は，確定的に 2 時間かかる．
- 縦の道は，確率 80% で 1 時間だが，確率 20% で 6 時間かかる．平均すると 2 時間かかる．
- 点 0 から点 4 までは，確定的に 1.9 時間で行ける．
- ある点に到達したとき，その点につながる辺の移動時間だけ確定する．

平均時間で見れば，0 -> 4 -> 5 -> 6 -> 7 のルートで，7.9 時間が最短路となる．しかし縦の道では，下から上へは確率 80% で 1 時間になる．このことから，「右に進みつつ，縦に 1 時間で行けるときに上へ進む方針」が良いと考えられる．

考案したモンテカルロダイクストラ法

ダイクストラ法にモンテカルロ法を組み合わせた以下の方法を考案した．

1. グラフ全体で nn 回試行する．各試行では辺の移動時間が確定する（各辺に nn 個の乱数を持つ）．
2. 全ての点において（終点への）**到達時間**を∞にし，全ての点を未探索とする．
3. **終点**を次の点にし，到達時間を 0 にして，探索済みとする．
4. 始点が探索済みになるまで，以下を繰り返す．
    ① 次の点に接続する点の到達時間を後述のように更新する．
    ② 探索済みでない点の中で，到達時間が最小のものを次の点にし探索済みとする．

到達時間の更新

対象となる点に入る点の中で「入る点の到達時間と接続辺の時間の和」の最小値をサンプル値とする．対象となる点の到達時間について「サンプル値の nn 回の平均」が短ければ更新する．

実行

In [ ]:

```
def monte_min(g, s, t, nn=1000):
    n = g.number_of_nodes()
    dd = [np.inf] * n   # 到達時間
    bb = [False] * n    # 探索済み
    for _, d in g.edges.items():
        d['log'] = (np.random.multinomial(1, d['prob'], nn)
                    * d['time']).sum(axis=1)
    nx = t  # 次の点
    dd[nx] = 0
    bb[nx] = True
    while not bb[s] and not np.isposinf(dd[nx]):
        for nd in g.adj[nx]:
            dd[nd] = min(dd[nd], np.mean([calcmin(dd,
                g.adj[nd], i) for i in range(nn)]))
        nx = np.argmin([np.inf if bb[i] else dd[i]
                        for i in range(n)])
        bb[nx] = True
```

```
        return np.round(dd, 2)
def calcmin(dd, dc, i):
    return min([dd[nd]+d['log'][i] for nd,d in dc.items()])
np.random.seed(1)
monte_min(g, 0, 7)
```

Out [ ]:

array([7.04, 5.04, 3.17, 1.71, 6. , 4. , 2. , 0.])

結果

- 関数 monte_min で，各点の到達時間を計算する．
- 平均値のダイクストラ法では 7.9 だが，モンテカルロダイクストラ法で計算すると 7.04 となり，早く到達できる．
- 点 4 を通ると，7.9 (=6.0+1.9) だが，点 1 経由にすれば，7.04 (=5.04+2) なので，点 0 からは点 1 に向かうのがよい．
- 点 1 についたら，点 2 に向かうと 5.17 (=3.17+2) となる．このとき，点 5 への移動時間が 1 ならば 5 (=4.0+1) となり，移動時間が 6 ならば 10 (=4.0+6) となる．このように，上への移動時間が 1 のところで上へ行くとよいことがわかる．

なお，モンテカルロダイクストラ法は，サンプリングが正確であっても厳密な最適解の保証はない．

9.13 話題：パズルを最適化で解く

以下の 45 種のパズルが最適化で解ける．詳細は，第 3 章で紹介している本書のサンプルプログラムを参照されたい[10]．

[10] 一部の名称は（株）ニコリの登録商標．

カックロ	ののぐらむ	美術館	ナンバーリンク
覆面算	不等式	ビルディングパズル	ウォールロジック
波及効果	ナンバースケルトン	スリザーリンク	四角に切れ
ましゅ	橋をかけろ	のりのり	ブロックパズル
タイルペイント	因子の部屋	黒どこ	推理パズル
ひとりにしてくれ	へやわけ	ペイントエリア	数コロ
パイプリンク	クリーク	アイスバーン	サムライン
カントリーロード	カナオレ	フィルマット	シャカシャカ
ヤジリン	ぬりかべ	ホタルビーム	ステンドグラス
さとがえり	スケルトン	数独	OhNo!
ABCプレース	ボンバーパズル	チョコナ	フィルオミノ
スターバトル			

付録 A
最適化のアルゴリズム

ここでは，いくつかのアルゴリズムを簡単に紹介し，次に，以下の7つの最適化問題を解くアルゴリズムを取り上げ，説明する．

- クラスカル法（貪欲法）
- ダイクストラ法
- 動的最適化
- シンプレックス法
- 内点法
- 分枝限定法
- 局所探索法

A.1 アルゴリズムの枠組み

以下では，主なアルゴリズムの枠組みを紹介する．

厳密解法
厳密解法は厳密解を得る解法で，分枝限定法などが該当する．厳密解は**大域的最適解**ともいう．

近似解法
近似解法は近似解を得る解法で，ナップサック問題に対する貪欲法などが該当する．ビジネスにおいては近似解で十分なことが多いため，計算時間が短い近似解法はよく使われる．

局所探索法

詳細は後述する．局所的最適解が得られる．近似解法であることが多いが，アルゴリズムによっては厳密解法となる．

貪欲法

貪欲法 (greedy algorithm) は，各変数の値を順番に決定することで解を得る方法である．一度選決定した要素を変えることはないため，高速に計算できる．比較的シンプルなアルゴリズムになり，組合せ最適化問題に対してよく使われる．多くの場合は近似解法であるが，アルゴリズムによっては厳密解法となる．たとえば，クラスカル法は厳密解法となる．

A.2 クラスカル法

対象問題（最小全域木問題）

無向グラフ $G = (V, E)$ 上の辺 e の重みを $w(e)$ とするとき，全域木 $T = (V, E_T)$ 上の辺の重みの総和 $\sum_{e \in E_T} w(e)$ が最小になる全域木を求めよ．

アルゴリズムの説明

クラスカル法は，最小全域木を求める貪欲法の一種だが，**厳密解法**である．サイクルを作らないように **unionfind** で管理する．

入力

g：グラフ

手順

1. Eに重みの大きい順の辺リストを設定する．
2. Fに unionfind を設定する．
3. Tに空リストを設定する．
4. Eが空でない間，以下を繰り返す．
    ① Eの最後の要素を取り除き，頂点iと頂点jに設定する．
    ② F上でiとjのグループが異なる場合，以下を実行する．
        i. F上でiとjを同じグループに設定

A.2 クラスカル法

ii. Tに(i, j)を追加

プログラム

In [ ]:

```
def Kruskal(g, weight='weight'):
    """
    クラスカル法
        最小全域木もしくは森を求める
    入力
        g: グラフ
        weight: 距離のキー（属性がない場合，距離は1）
    出力
        辺リスト
    """
    from ortoolpy import unionfind
    cmp = lambda d: d[2].get(weight, 1)   # 重み関数
    E = sorted(g.edges.data(), key=cmp, reverse=True)   # (1)
    F = unionfind()  # (2)
    T = []   # (3)
    while E:  # (4)
        i, j, _ = E.pop()  # (a)
        if not F.issame(i, j):   # (b)
            F.unite(i, j)  # (i)
            T.append((i, j))   # (ii)
    return T  # 最小全域木
```

実行例

In [ ]:

```
import networkx as nx
g = nx.Graph()
for i, j, w in [
   ('A','B',9), ('B','C',3), ('A','D',6), ('B','E',4),
   ('C','F',2), ('D','E',3), ('E','F',5)]:
    g.add_edge(i, j, weight=w)
Kruskal(g)
```

Out [ ]:

[('C', 'F'), ('D', 'E'), ('B', 'C'), ('B', 'E'), ('A', 'D')]

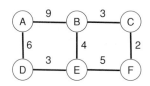

補足

グラフ g に weight で指定される属性を持たない場合，辺の距離は 1 とみなす．

A.3 ダイクストラ法

対象問題（最短路問題）

グラフ $G = (V, E)$ の各辺 $e_{ij} = (v_i, v_j) \in E$ が重み a_{ij} を持つとき，始点 $v_s \in V$ から終点 $v_t \in V$ への路の中で最も重みの和の小さいものを求めよ．

アルゴリズムの説明

ダイクストラ法は，最短路を求める**厳密解法**である．

入力

- g：グラフ
- s：始点
- t：終点
- dist：2 点の距離を計算する関数

手順

1. d に g の各頂点の仮距離 ∞（numpy.inf）を設定する．
2. prev に g の各頂点の「直前の頂点」として None を設定する．
3. d[s] に 0 を設定する．
4. Q に g の全頂点を設定する．
5. 以下を繰り返す．

① uにQの中でdが最小の頂点を設定する．
② Qからuを取り除く
③ d[u]が∞であれば，最短路は存在しないので，∞と空リストを返す．
④ uがtならば，最短距離が判明したので，繰り返しを終了する．
⑤ 「uの接続頂点リスト」の要素をvとして，以下を繰り返す．
　ⅰ. eにd[u] + dist(u, v)を設定
　ⅱ. eがd[v]より小さい場合に，以下を実行する．
　　- d[v]にeを設定する．
　　- prev[v]にuを設定する．
6. vにtを，pthに空リストを設定する．
7. vがNoneでない間，以下を繰り返す．
　① pthにvを追加する．
　② vにprev[v]を設定する．
8. d[t]とpthを反転したものを返す．

プログラム

In [ ]:

```
def Dijkstra(g, s, t, weight='weight'):
    """
    ダイクストラ法
        2点間の最短距離と最短路を求める
    入力
        g: NetworkXのグラフ
        s: 始点
        t: 終点
        weight: 距離のキー（属性がない場合，距離は1）
    出力
        最短距離と最短路
    """
    import numpy as np
    d = {nd: np.inf for nd in g.nodes}  # (1)
    prev = {nd: None for nd in g.nodes}  # (2)
    d[s] = 0  # (3)
    Q = set(g.nodes)  # (4)
    while True:  # (5)
        u = min(Q, key=lambda k: d[k])  # (a)
        Q.remove(u)  # (b)
```

```
            if np.isinf(d[u]):
                return np.inf, []  # (c)
            if u == t:
                break  # (d)
            for v, a in g[u].items():  # (e)
                e = d[u] + a.get(weight, 1)  # (i)
                if e < d[v]:  # (ii)
                    d[v] = e  # (1)
                    prev[v] = u  # (2)
    v, pth = t, []  # (6)
    while v:  # (7)
        pth.append(v)  # (a)
        v = prev[v]  # (b)
    return d[t], list(reversed(pth))  # (8)
```

実行例

In [ ]:

```
import networkx as nx
g = nx.Graph()
g.add_edges_from([('A', 'B'), ('B', 'C'), ('C', 'D'),
                  ('D', 'E'), ('A', 'E')], weight=1)
g.adj['A']['E']['weight'] = 3
Dijkstra(g, 'A', 'E')
```

Out [ ]:

(3, ['A', 'E'])

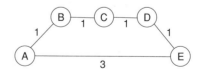

補足

- グラフ g に weight で指定される属性を持たない場合，辺の距離は 1 とみなす．
- プログラムで Q は set だが，頂点数が多い場合，優先度付きキューを使う方法もある．

- 距離は非負（0以上）でなければならない．負の距離がある場合，ベルマン・フォード法が使える．
- 全ての2点間の最短路問題を求めたい場合，ワーシャル・フロイド法の方がよい．
- 同様のことは networkx.dijkstra_path_length と networkx.dijkstra_path でもできる．

A.4 動的最適化

動的最適化（動的計画法ともいう）は，元の問題を複数の部分問題に分割し，部分問題の計算結果をメモしながら解いていく**厳密解法**である．

動的最適化は色々な問題に対して構成可能である．以下では，ナップサック問題を対象とする．

対象問題（ナップサック問題）

容量 $c(>0)$ のナップサックと n 個の荷物 $N=\{1,\ldots,n\}$ が与えられている．荷物 $i \in N$ の容量を $w_i(>0)$，価値を $p_i(>0)$ とする．容量制限 c の範囲で価値の和が最大になる荷物の詰め合わせを求めよ．

アルゴリズム

n 個の最適解は，「$n-1$ 個までの最適解」に「n 個目を入れる場合と入れない場合」の良い方になる．後述のプログラムは，一見すると下記の漸化式で再帰呼出しをしているだけのように見える．

c に入る n 個の価値
$= \max$（c に入る $n-1$ 個の価値, $c-w_n$ に入る $n-1$ 個の価値 $+p_n$）

関数 Knapsack は，その定義で，@lru_cache(maxsize=1000) と修飾しているので，動的最適化になる．なぜなら，一度計算した引数のパターンについては，自動的にメモ（キャッシュ）が使われるからである．

プログラム

In [ ]:

```
from functools import lru_cache
@lru_cache(maxsize=1000)
def Knapsack(w, p, c):
    """
    ナップサック問題の動的最適化
    入力
        w: 大きさのリスト
        p: 価値のリスト
        c: ナップサックの大きさ
    出力
        最適値(価値)
    """
    if len(w) == 0:
        return 0
    return max(
        Knapsack(w[:-1], p[:-1], c),
        Knapsack(w[:-1], p[:-1],
            c - w[-1]) + p[-1] if c >= w[-1] else 0)
```

実行例

In [ ]:

```
Knapsack((10, 11, 12), (1, 2, 4), 22)
```

Out [ ]:

5

A.5　シンプレックス法

対象問題

以下のような線形最適化問題を対象とする．

目的関数　$c^T x \to$ 最小化
制約条件　$Ax = b$
変数　　　$x \geq 0$

アルゴリズム

シンプレックス法は，線形最適化問題の代表的な解法の一つである．1947年にダンツィックにより提案され，現在も非常に有効な解法として使われている．実行可能領域の境界を探索する．

入力

- A：制約条件の係数行列（$m \times n$ の行列，$m \leq n$）[*1]
- b：制約条件の右辺ベクトル
- c：目的関数ベクトル

[*1] 自明な初期解から始められるように基底変数，非基底変数の順に並んでいるとする．

手順

行列 A から正則行列（逆行列が存在する行列）B が取り出せるとする．B を基底行列，A から B を除いた行列 N を非基底行列と呼ぶ．基底行列に対応する変数を基底変数，非基底行列に対応する変数を非基底変数とよぶ．式で書くと以下のようになる．

$$A = (B, N), \quad x = \begin{pmatrix} x_B \\ x_N \end{pmatrix}$$

$Bx_B = b$ を満たす x_B と $x_N = \vec{0}$ を合わせた解を基底解と呼ぶ．

シンプレックス法は，実行可能な基底解を初期解とし，以下のように目的関数が小さくなるように基底解の更新を繰り返す．

1. B を基底行列とする．$(x_B, x_N) = (B^{-1}b, \vec{0})$ を初期基底解とする．
2. $\bar{b} = B^{-1}b$ とする．
3. $\pi = (B^T)^{-1} c_B$ とする．
4. $c_i - \pi^T a_i < 0$ となる非基底変数 x_i を1つ選ぶ．存在しなかったら，現在の解が最適解なので終了する．
5. $y = B^{-1} a_i$ とする．
6. $\theta = min_{k|y_k > 0}(\frac{\bar{b}_k}{y_k})$ と，そのときの k を求める．存在しなかったら，非有界[*2]なので，終了する．

[*2] 目的関数がいくらでも小さくできること．

7. 基底変数 $x_B = \bar{b} - \theta y$ とし，x_k を非基底変数にする．$x_i = \theta$ とし基底変数にする．同様に B を更新し，2. に戻る．

式変形の詳細は，参考文献 [7] 『今日から使える！組合せ最適化：離散問題ガイドブック』を参照されたい．

プログラム

In [ ]:

```
def Simplex(A, b, c):
    """
    シンプレックス法
        min: c^T * x
        s.t.: Ax = b, x >= 0
    入力
        A, b, c: 上記式の通り
    出力
        目的関数の値と変数の値
    """
    n, m = len(c), len(b)    # 変数数，制約数
    bs = list(range(m))      # 基底 index
    assert (np.linalg.det(A.T[bs]) > 1e-6
        and np.all(np.dot(np.linalg.inv(A.T[bs].T),b)>=0))
    while True:
        B = A.T[bs].T
        bb = np.dot(np.linalg.inv(B), b)
        pi = np.dot(np.linalg.inv(B.T), c[bs])
        cpia = [0 if j in bs else v
                for j, v in enumerate(c - np.dot(pi, A))]
        i = np.argmin(cpia)
        if cpia[i] >= 0:
            break
        y = np.dot(np.linalg.inv(B), A[:, i])
        if y.max() <= 0:
            return np.nan    # Unbounded
        bby = (bb / np.maximum(y, np.ones(m) * 1e-16))
        theta = bby.min()
        k = bby.argmin()
        bs.remove(bs[k])
        bs.append(i)
    x = np.zeros(n)
```

```
        for i in range(m):
            x[bs[i]] = bb[i]
        return np.dot(c, x), x
```

実行例

In [ ]:

```
import numpy as np
A = np.array([[2, -1, 2], [1, 2, -1]])
b = np.array([1, 2])
c = np.array([1, 1, 1])
Simplex(A, b, c)
```

Out [ ]:

(1.4000000000000001, array([0.8, 0.6, 0.]))

A.6　内点法

対象問題

以下のような線形最適化問題を対象とする．

目的関数　$c^T x \to$ 最小化
制約条件　$Ax = b$
変数　　　$x \geq 0$

アルゴリズム

内点法は，線形最適化問題の代表的な多項式時間アルゴリズムの1つで，実行可能領域の内部を探索する．

入力

- A：制約条件の係数行列（$m \times n$ の行列，$m \leq n$）
- b：制約条件の右辺ベクトル
- c：目的関数ベクトル

[*3] 自明な初期解が内点にあるものとする．また，最適解の成分に0に近いものはないものとする．実行可能領域の壁に近づきしないように工夫すべきだが，簡略化のためしていない．

[*4] 詳細は，参考文献 [7]『今日から使える！組合せ最適化：離散問題ガイドブック』を参照されたい．

手順[*3,*4]

1. 初期内点 (x_0, y_0, v_0) と初期パラメーター $0 < \delta < 1, \rho_0 = \delta x_0^T v_0 / n, k = 0$ を設定する．
2. 点 x_k が，最適性の条件を十分な精度で満たし ρ が十分 0 に近ければ，最適解として終了する．
3. 式 (A.1) を解き $\Delta x, \Delta y, \Delta v$ を求める．

$$\begin{pmatrix} A & 0 & 0 \\ 0 & A^T & I \\ V_k & 0 & X_k \end{pmatrix} \begin{pmatrix} \Delta x \\ \Delta y \\ \Delta \nu \end{pmatrix} = - \begin{pmatrix} A x_k - b \\ A^T y_k + \nu_k - c \\ X_k \nu_k - \rho_k e \end{pmatrix} \quad (A.1)$$

ただし，$X_k = \mathrm{diag}(x_k), V_k = \mathrm{diag}(\nu_k)$

4. 式 (A.2) で更新する．ただし x_{k+1} が中心パスの近傍にとどまるように α を決める．

$$\begin{aligned} x_{k+1} &= x_k + \alpha \Delta x \\ y_{k+1} &= y_k + \alpha \Delta y \\ \nu_{k+1} &= \nu_k + \alpha \Delta \nu \\ \rho_{k+1} &= \delta x_{k+1}^T \nu_{k+1} / n \end{aligned} \quad (A.2)$$

プログラム

In [ ]:

```
def InteriorPoint(A, b, c, alpha=0.01, delta=0.01):
    """
    内点法
        min: c^T * x
        s.t.: Ax = b, x >= 0
    入力
        A, b, c: 上記式の通り
    出力
        目的関数の値と変数の値
    """
    import numpy as np
    n, m = len(c), len(b) # 変数数，制約数
    bs = list(range(m))
    x = np.r_[np.dot(np.linalg.inv(A.T[bs].T), b),
              np.zeros(n - m)]
    assert(np.linalg.det(A.T[bs]) > 1e-6 and np.all(x >= 0))
```

```python
        y = -np.ones(m)
        v = c - np.dot(A.T, y)
        assert(np.all(v >= 0))
        for cnt in range(1000):
            rho = delta * np.dot(x, v) / n
            if rho < 1e-6: # 主双対最適性条件のチェックは省略
                break
            M = np.r_[
                np.c_[A, np.zeros((m, n + m))],
                np.c_[np.zeros((n, n)), A.T, np.eye(n)],
                np.c_[np.diag(v), np.zeros((n, m)), np.diag(x)]]
            V = np.r_[np.dot(A, x) - b,
                      np.dot(A.T, y) + v - c, x * v - rho]
            d = np.linalg.solve(M, -V)
            stp, xyv = alpha, np.r_[x, y, v]
            # 簡易的に実行可能領域にとどまるようにしている
            while stp > 1e-12:
                nw = xyv + stp * d
                if all(nw[:n] >= 0) or all(nw[n+m:] >= 0): break
                stp /= 2
            x, y, v = nw[:n], nw[n:n + m], nw[n+m:]
        else:
            print('Iterations exceeded')
        return np.dot(c, x), x
```

実行例

In [ ]:

```
import numpy as np
A = np.array([[2, -1, 2], [1, 2, -1]])
b = np.array([1, 2])
c = np.array([1, 1, 1])
InteriorPoint(A, b, c)
```

Out [ ]:

```
(1.4000092147860923,
 array([7.99995393e-01, 6.00006143e-01, 7.67898841e-06]))
```

A.7　分枝限定法

　分枝限定法とは，混合整数最適化問題を解くソルバーにおいてよく使われる汎用的な手法である．全ての可能性を調べるので，厳密な最適解が求められる．また，**分枝操作**と**限定操作**の2つの操作があり，効率よく計算できる．以下では，最大化問題として説明する．

- 分枝操作：問題を分割する操作．たとえば，1個の（0または1をとる）バイナリー変数の値を固定して2つの問題に分けるなどである．
- 限定操作：分割された子問題に対し，以下を考えることである．
    - 上界の計算：上界を求める方法としては，線形緩和を使う．求めた上界が暫定解[*5]値以下であれば，子問題を解いても暫定解を更新できないので，解く必要はない．
    - 下界の更新：子問題を解いて得られた実行可能解を得る．その解の値が下界以上であれば暫定解とし，下界を更新する．

[*5] 現在までで最良となる解．たとえば貪欲法などで求める．この解の目的関数の値が下界となる．

対象問題

混合整数最適化問題．

アルゴリズム

　ここでは，ナップサック問題を解くアルゴリズムを説明する．入力は動的最適化と同様とする．

手順

1. 重量当りの価値が高い順にリストに並べる．
2. ここからは，現在の価値を0，下界を0とし，再帰的に解く．
3. 容量が負ならば −1 を返す．
4. 現在の価値が下界を超えていたら，下界を現在の価値で更新する．
5. リストが空であれば，現在の価値を返す．
6. 緩和問題を解き，下界以下であれば現在の価値を返す．
7. 先頭を取り出し，入れた場合と入れない場合のうち，良い方を選ぶ．

プログラム

In [ ]:

```
def BranchBound(w, p, c):
    """
    ナップサック問題の分枝限定法
        価値の高いものから決定する
    入力
        w: 大きさのリスト
        p: 価値のリスト
        c: ナップサックの大きさ
    出力
        最適値(価値)
    """
    lst = sorted(zip(w, p), key=lambda i: i[1] / i[0],
                 reverse=True)   # (1)
    return BranchBoundSub(lst, c, 0, [0])   # (2)
def BranchBoundSub(lst, c, fx, lb):
    if c < 0:
        return -1   # (3)
    if fx > lb[0]:
        lb[0] = fx   # (4)
    if not lst:
        return fx   # (5)
    rem, rv = c, fx
    for w0, p0 in lst:
        x = min(w0, rem)
        rem -= x
        rv += p0 * x / w0
    if rv <= lb[0]:
        return fx   # (6)
    lst0, lst = lst[0], lst[1:]   # 先頭をlst0に取り出し
    v1 = BranchBoundSub(lst, c-lst0[0], fx+lst0[1], lb)
    v2 = BranchBoundSub(lst, c, fx, lb)
    return max(v1, v2)   # (7)
```

実行例

In [ ]:

```
BranchBound((10, 11, 12), (1, 2, 4), 22)
```

Out [ ]:

5

A.8 図で見る分枝限定法

分枝限定法の「問題の分割」の様子を，ナップサック問題を例に図で説明する．

例題：ナップサック問題

荷物が6個のナップサック問題を考える．全て列挙すると，$2^6 = 64$通りを調べることになる．プログラムで図示する．

In [ ]:

```
from PIL import Image, ImageDraw, ImageFont
def func1(dr, ini, pos, x, pr, lab):
    fn = ImageFont.load_default()
    y = pos * 62 + 10
    if pr:
        dr.line((*pr, x, y - 4), 'black')
    dr.rectangle((x - 4, y - 4, x + 4, y + 4),
                 f'#{"ff"if pos==6 else "40"}4040')
    dr.text((x - 4, y + 6), f'{lab}', 'black', fn)
    if pos < len(ini):
        w = 3 * 64 >> pos
        ini[pos] = 1
        func1(dr, ini, pos + 1, x - w, (x, y + 4), '1')
        ini[pos] = 0
        func1(dr, ini, pos + 1, x + w, (x, y + 4), '0')
        ini[pos] = -1
im = Image.new('RGB', (780, 408), (255, 255, 255))
dr = ImageDraw.Draw(im)
func1(dr, [-1] * 6, 0, 390, None, ' ')
im
```

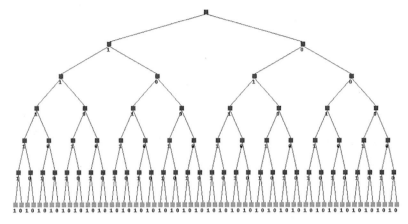

図 A.1 ナップサック問題の解を全て列挙

図 A.1 では，四角が 1 つの問題を表し，一番上の四角が元の問題を表す．四角の下から出ている 2 本の線は，分枝操作で 2 つの子問題に分けていることを表す．「元の問題」の子問題は以下の通りである．

- 「左下の四角」は，最初の荷物を「必ず選ぶ」（=1）ように固定した問題．
- 「右下の四角」は，最初の荷物を「必ず選ばない」（=0）ように固定した問題．

なお，最下段の四角は，全ての荷物が 0 か 1 に固定された問題を表しており，$2^6 = 64$ 個ある．

上界を求める

線形緩和して，上界を求める関数 knapsack を定義する．ini は，固定されている状態を表す配列である（負ならば非固定とする）．実行可能解がない場合は，0 を返す．

In [ ]:

```
from pulp import LpProblem, LpMaximize, lpDot, value
from ortoolpy import addvars
def knapsack(ini):
    m = LpProblem(sense=LpMaximize)   # 数理モデル
    x = addvars(6, upBound=1)   # 変数
    m += lpDot([22,24,26,28,29,30], x)   # 目的関数
    m += lpDot([10,11,12,13,14,15], x) <= 48   # 制約条件
```

```
        for i, v in zip(ini, x):
            if i >= 0:
                m += v == i
        m.solve()    # 求解
        return value(m.objective) if m.status == 1 else 0
```

限定操作を組み込んでツリーを描く

上界と暫定解を比較し，最適解が更新できないことがわかれば，描画しないようにする．なお暫定解の初期値は，貪欲法で **102** とわかっているものとする．

In [ ]:
```
def func2(dr, ini, pos, x, pr, lab, zantei):
    fn = ImageFont.load_default()
    r = knapsack(ini)
    if r < zantei[0] - 1e-4:
        return
    y = pos * 62 + 10
    if pr:
        dr.line((*pr, x, y - 4), 'black')
    dr.rectangle((x - 4, y - 4, x + 4, y + 4), f'#ff4040')
    dr.text((x - 4, y + 6), f'{lab}', 'black', fn)
    if pos < len(ini):
        w = 3 * 64 >> pos
        ini[pos] = 1
        func2(dr, ini, pos+1, x-w, (x, y+4), '1', zantei)
        ini[pos] = 0
        func2(dr, ini, pos+1, x+w, (x, y+4), '0', zantei)
        ini[pos] = -1
    else:
        if zantei[0] < r:
            zantei[0] = r
im = Image.new('RGB', (780, 408), (255, 255, 255))
dr = ImageDraw.Draw(im)
func2(dr, [-1] * 6, 0, 390, None, ' ', [102])
im
```

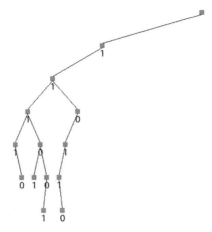

図 **A.2** 限定操作を組み込んだツリー

図 A.2 を見ると，大部分の子問題を解かなくてもよいことがわかる．なお，厳密な最適解は，[1, 1, 0, 1, 1, 0]（最下段右側）のときの **103** であり，この時点で暫定解は 103 になる．

ツリーの右側（最初の荷物を 0 に固定した問題）は，全て消えている．確認してみよう．

In [ ]:
```
print(f'{knapsack([0, -1, -1, -1, -1, -1]):.2f}')
```

102.86

最初の荷物を 0 で固定にして，残りを −1 で非固定にして求める．上界が 102.86 と暫定解 103 より悪いため，限定操作で，この子問題で探索は終わりになる．

A.9　局所探索法

対象問題

任意の組合せ最適化問題．

アルゴリズム

局所探索法は，組合せ最適化問題に対して広くも使われる近似解法である．

手順

1. 初期解 x をいずれかの方法により作成する．
2. 解 x の近傍内により良い解があれば更新し，ステップ2に戻る．なければ終了する．

ここでは，ナップサック問題を例に説明する．初期解は [] とする．近傍を2つ挙げる．

- 解に入っていない荷物を1つ選び，解に入れる（挿入近傍）．
- 解に入っているものと入っていないものを交換する（交換近傍）．

プログラム

In [ ]:

```
def LocalSearch(w, p, c):
    """
    ナップサック問題の局所探索法
        挿入近傍と交換近傍
    入力
        w: 大きさのリスト
        p: 価値のリスト
        c: ナップサックの大きさ
    出力
        最適値(価値)
    """
    # 残容量, 解, 未選択リスト
    r, a, b = c, [], [(p0, w0) for p0, w0 in zip(p, w)]
    while True:
        # 挿入近傍
        for p0, w0 in b:
            if w0 <= r:
                r -= w0
                a += [(p0, w0)]
                b.remove((p0, w0))
                break
        else:
            # 交換近傍
```

```
            for i in range(len(a)):
                pa, wa = a[i]
                for j in range(len(b)):
                    pb, wb = b[j]
                    if wb <= r + wa and pb > pa:
                        r -= wb - wa
                        a += [(pb, wb)]
                        a.remove((pa, wa))
                        b += [(pa, wa)]
                        b.remove((pb, wb))
                        break
                else: continue
                break
            else: break
    return sum(p0 for p0, w0 in a)
```

実行例

In [ ]:

```
LocalSearch((10, 11, 12), (1, 2, 4), 22)
```

Out [ ]:

5

付録 B
典型的な最適化問題

関連する典型問題を集めて，典型問題クラスという枠組みを作成した．

*1 nx は network，ot は ortoolpy を表す．

典型問題クラス	典型問題	複雑性クラス	関数 *1
グラフ・ネットワーク問題	最小全域木問題	P	nx.minimum_spanning_tree
	最大安定集合問題	NP 困難	ot.maximum_stable_set
	最大カット問題	NP 困難	ot.maximum_cut
	最短路問題	P	nx.dijkstra_path
	最大流問題	P	nx.maximum_flow
	最小費用流問題	P	nx.min_cost_flow
経路問題	運搬経路（配送最適化）問題	NP 困難	ot.vrp
	巡回セールスマン問題	NP 困難	ot.tsp
	中国人郵便配達問題	P	ot.chinese_postman
集合被覆・分割問題	集合被覆問題	NP 困難	ot.set_covering
	集合分割問題	NP 困難	ot.set_partition
	組合せオークション問題	NP 困難	ot.combinatorial_auction
スケジューリング問題	ジョブショップ問題	NP 困難	ot.two_machine_flowshop
	勤務スケジューリング問題	NP 困難	ot.shift_scheduling
切出し・詰込み問題	ナップサック問題	NP 困難	ot.knapsack
	ビンパッキング問題	NP 困難	ot.binpacking
	n 次元パッキング問題	NP 困難	ot.TwoDimPackingClass
配置問題	施設配置問題	NP 困難	ot.facility_location
	容量制約なし施設配置問題	NP 困難	ot.facility_location_without_capacity
割当・マッチング問題	2 次割当問題	NP 困難	ot.quad_assign
	一般化割当問題	NP 困難	ot.gap
	最大マッチング問題	P	nx.max_weight_matching
	重みマッチング問題	P	nx.max_weight_matching
	安定マッチング問題	(P)	ot.stable_matching

典型問題クラスは，7つある．**典型問題**は，実社会でよく使われるものを著者が厳選した[*2]．複雑性クラスは，問題の難しさを表す．主なクラスを以下に示す．

- **P**：問題の入力サイズの多項式時間で解ける問題のクラス
- **NP**：yes となる証拠が与えられたとき，その証拠が本当に正しいかどうかを多項式時間で判定できる問題のクラス
- **NP困難**：NP に比べて同等以上に難しい問題のクラス

これらの分類は，一言でいえば，問題のサイズが大きくなったときに，解きやすいか解きにくいかを示している．ただし，NP困難であっても，実質的に大規模な問題が解ける場合もある（ナップサック問題など）．

[*2] 安定マッチング問題は，厳密にいえば最適化問題ではないが，実務で重要なので含めている．

最小全域木問題

無向グラフ $G = (V, E)$ 上の辺 e の重みを $w(e)$ とするとき，全域木 $T = (V, E_T)$ 上の辺の重みの総和 $\sum_{e \in E_T} w(e)$ が最小になる全域木を求めよ[*3]．

応用例：データのクラスタ分析やネットワークや配管の設計．

[*3] http://www.orsj.or.jp/~wiki/wiki/index.php/最小木問題

最大安定集合問題

無向グラフ $G = (V, E)$ において，重みの和が最大の安定集合（互いに隣接していない節点の集合）を求めよ[*4]．

応用例：警備員の配置．

関連する問題：最大安定集合問題の（隣接していない）解は，補グラフで考えた**最大クリーク問題**の（全て隣接している）解になる．また，最大安定集合問題の解に含まれない頂点は，**最小頂点被覆問題**の解になる．

[*4] 最大独立集合問題ともいう．https://ja.wikipedia.org/wiki/最大独立集合問題

最大カット問題

無向グラフ $G = (V, E)$ において，各辺 $e_{ij} = (v_i, v_j) \in E$ に非負の重み w_{ij} が付与されているとする．このとき，$\sum_{v_i \in V_1, v_j \in V_2} w_{ij}$ を最大にする $V_1, V_2 (= V \setminus V_1)$ を求めよ[*5]．

応用例：ネットワーク上での効率的な監視．

[*5] http://www.orsj.or.jp/~wiki/wiki/index.php/最大カット問題

最短路問題

グラフ $G = (V, E)$ の各辺 $e_{ij} = (v_i, v_j) \in E$ が重み a_{ij} を持つとき,始点 $v_s \in V$ から終点 $v_t \in V$ への路の中で最も重みの和の小さいものを求めよ[*6].

応用例:鉄道の経路案内や車のナビゲーションなど広範な応用例.

[*6] http://www.orsj.or.jp/~wiki/wiki/index.php/最短路問題

最大流問題

グラフ $G = (V, E)$ の各辺 $e_{ij} = (v_i, v_j) \in E$ が容量 c_{ij} を持つとき,始点 $v_s \in V$(ソース)から終点 $v_t \in V$(シンク)への総流量が最大となるフローを求めよ[*7].

応用例:避難計画の策定.

関連する問題:最大流問題の**双対問題**は,**最小カット**問題である.

[*7] http://www.orsj.or.jp/~wiki/wiki/index.php/ネットワークフロー問題

最小費用流問題

有向グラフ $G = (V, E)$ において,各辺の容量と重みさらに節点の需要量が与えられたとき,各辺の容量を超過せずに各辺の流量に対する重みの総和が最小となるフローを求めよ[*8].

応用例:物流における輸送費用削減,学区編成など広範な応用例

[*8] http://www.orsj.or.jp/~wiki/wiki/index.php/最小費用フロー問題

各節点において,「流入量 − 流出量」は,需要量と等しい.需要量が負の場合,供給量を表す.全ての節点の需要量の和は 0 でなければならない.

運搬経路(配送最適化)問題

顧客の集合 $V = 0, 1, \ldots, n$(ただし 0 はルートの起点となるデポを表す)と運搬車の集合 $M = 1, \ldots, m$ が与えられている.各運搬車はデポから出発して割り当てられた顧客集合を巡り配送を行いデポに戻る.各顧客 $i \in V$ についてサービスの需要量は $a_i (\geq 0)$,各運搬車 $k \in M$ の最大積載量は $u (\geq 0)$ であり,顧客 i と顧客 j 間の移動コストは $c_{ij} (\geq 0)$ とする.各顧客の需要は 1 台で 1 回の訪問で満たされるとする.移動コストが最小となるように,全ての運搬車のルートを求めよ[*9].

[*9] http://www.orsj.or.jp/~wiki/wiki/index.php/運搬経路問題

VRP (Vehicle Routing Problem) とも呼ばれる.配送最適化を配送計画と呼ぶように,「〜最適化」を「〜計画」と呼ぶことも多いが,〜計画は古い呼び方となる.

応用例：コンビニでの商品の補充や荷物の配送など広範な応用例．

巡回セールスマン問題

n 個の点（都市）の集合 V から構成されるグラフ $G = (V, E)$ および各辺に対するコストが与えられているとき，全ての点を1回ずつ経由する巡回路で辺上のコストの和を最小にするものを求めよ[*10]．

[*10] http://www.orsj.or.jp/~wiki/wiki/index.php/巡回セールスマン問題

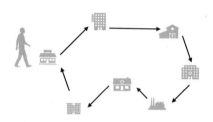

応用例：3Dプリンターの出力時間の高速化や運搬経路問題の部分問題など広範な応用例．

中国人郵便配達問題

無向グラフにおいて，全ての辺を必ず1度は通って元の点に戻る経路の中で辺のコストの総和が最小になるものを求めよ[*11]．

[*11] http://www.orsj.or.jp/~wiki/wiki/index.php/中国郵便配達人問題

応用例：道路の除雪など．

集合被覆問題

集合 $M = 1, \ldots, m$ の n 個の部分集合 $S_j (\subseteq M), j \in N = 1, \ldots, n$ に対してコスト c_j が与えられているとする．コストの総和が最小となる M の被覆 $X (\subseteq N)$ を求めよ．被覆は，部分集合の中に同じ要素があってもよい[*12]．

[*12] http://www.orsj.or.jp/~wiki/wiki/index.php/集合被覆問題

応用例：運搬経路問題，スケジューリング問題，施設配置問題など広範な応用例．

集合分割問題

集合 $M = 1, \ldots, m$ の n 個の部分集合 $S_j (\subseteq M), j \in N = 1, \ldots, n$ に対してコスト c_j が与えられているとする．コストの総和が最小となる M の分割 $X (\subseteq N)$ を求めよ．分割は，部分集合の中に同じ要素があってはならない．

集合被覆問題と集合分割問題の違い

- 定式化すると，違いは「≥ 1」（集合被覆問題）と「$= 1$」（集合分割問題）だけである．
- M の各要素が，「1 個以上含まれる」か「ちょうど 1 個含まれるか」が異なる．
- 集合被覆問題は，集合分割問題に比べて部分集合の候補も少なくてすみ，解きやすい傾向がある．

応用例：集合被覆問題の応用例と同様．

組合せオークション問題[*13]

n 個の候補（集合 $M = 1, \ldots, m$ の部分集合 $S_j (\subseteq M), j \in N = 1, \ldots, n$）に対して金額 c_j が与えられているとする．金額の総和が最大となるように候補から選択せよ．集合 M の要素を重複して選んではならない．

集合被覆問題で目的関数が最大化で，制約条件の不等号が逆になったものと考えることもできる．

[*13] 金額に微小な乱数を足すことにより，抽選としても機能する．

応用例：土地の区画の販売．

ジョブショップ問題

与えられた n 個のジョブ $V = \{1, \ldots, n\}$ を m 台の機械で処理する．1 つの機械では，同時に 1 つのジョブしか処理できない．全てのジョブの終了時間を最小にするスケジュールを求めよ[*14]．

ジョブを処理する順番の条件によって問題の呼び方が変わる．

- オープンショップ問題：各ジョブは，任意の順番で処理可能
- フローショップ問題　：各ジョブは，同一（ジョブ共通）の処理の順番が決まっている
- ジョブショップ問題　：各ジョブごとに処理の順番が決まっている（共通の順番でなくてもよい）

[*14] http://www.orsj.or.jp/~wiki/wiki/index.php/ジョブショップ問題

応用例：生産スケジュール作成など．

勤務スケジューリング問題

スタッフの人数，スケジュール日数，シフトの種類数，避けるべきシフトのパターン，日ごとのシフトごとの必要数が与えられたときに，これらを満たすスケジュールを求めよ[*15]．

応用例：看護師スケジューリング，スタッフスケジューリングなど

[*15] 目的関数や制約には，さまざまなバリエーションがある．
http://www.orsj.or.jp/~wiki/wiki/index.php/勤務スケジューリング

ナップサック問題

容量 $c(>0)$ のナップサックと n 個の荷物 $N = \{1,\ldots,n\}$ が与えられている．荷物 $i \in N$ の大きさを $w_i(>0)$，価値を $p_i(>0)$ とする．ナップサックの容量制限 c の範囲で価値の和が最大になる荷物の詰め合わせを求めよ[*16]．

応用例：切出し・詰込み問題など広範な応用例．混合整数最適化問題の代表．

[*16] http://www.orsj.or.jp/~wiki/wiki/index.php/ナップサック問題

ビンパッキング問題

容量 $c(>0)$ の箱と n 個の荷物 $N = \{1,\ldots,n\}$ が与えられている．荷物 $i \in N$ の容量を $w_i(>0)$ とする．全ての荷物を詰め合わせるのに必要な箱の個数を最小にする詰め合わせを求めよ[*17]．

応用例：切出し・詰込み問題など広範な応用例．

[*17] http://www.orsj.or.jp/~wiki/wiki/index.php/板取り問題

n 次元パッキング問題

n 次元の直方体に，なるべく多くの n 次元の直方体を詰め込む．その方法を求めよ[*18]．n は，1 から 3 にあたる．n が 1 の場合，ナップサック問題で容量と価値が同じケースとなる．

応用例：コンテナやパレットへの積付け

[*18] http://www.orsj.or.jp/~wiki/wiki/index.php/板取り問題

施設配置問題

顧客 (需要地点) の集合 D と施設の配置可能地点の集合 F があり，それぞれに容量が与えられる．各顧客 $i \in D$ は，必ずいずれかの施設 $i \in F$ に移動する．各施設の容量を満たし，顧客の容量と移動距離の総和を最小にするように，顧客の移動先を求めよ．ただし，施設は，p 個までしか利用できない[*19]．

応用例：公共施設の配置検討や避難施設の配置など

[*19] http://www.orsj.or.jp/~wiki/wiki/index.php/施設配置問題

容量制約なし施設配置問題

顧客 (需要地点) の集合 D と施設の配置可能地点の集合 F が与えられる．各顧客 $i \in D$ は，必ずいずれかの施設 $i \in F$ に移動する．各施設に容量はない．顧客の容量と移動距離の総和を最小にするように，顧客の移動先を求めよ．ただし，施設は，p 個までしか利用できない[20]．

応用例：施設配置問題と同じ応用例を持つ．

2次割当問題

対象物 $P = \{P_1, P_2, \ldots, P_n\}$ の割当先 $L = \{L_1, L_2, \ldots, L_n\}$ を考える．対象物 P_i と P_j の間の輸送量 q_{ij} と割当先 L_k と L_l の間の距離 d_{kl} が与えられているとき，輸送量と距離の積の総和を最小にする割当を求めよ[21]．

応用例：工場内の機械の配置など．巡回セールスマン問題や施設配置問題なども2次割当問題ととらえられる．

一般化割当問題

n 個の仕事 $J = \{1, 2, \ldots, n\}$ と m 人のエージェント $I = \{1, 2, \ldots, m\}$ に対して，仕事 $j \in J$ をエージェント $i \in I$ に割り当てたときのコスト c_{ij} と資源の要求量 $a_{ij}(\geq 0)$，および各エージェント $i \in I$ の利用可能資源量 $b_i(\geq 0)$ が与えられている．それぞれの仕事を必ずいずれか1つのエージェントに割り当てなければならず，また，各エージェントに割り当てられた仕事の総資源要求量が，そのエージェントの利用可能資源量を超えないようにしなければならない．このとき，コストの総和を最小にする割当を求めよ[22]．

応用例：スケジューリング問題など．

最大マッチング問題

無向グラフ $G = (V, E)$ に対し辺の本数が最大のマッチングを求めよ[23]．

応用例：人員の配属割り当てなど広範な応用例．

重みマッチング問題[24]

重みマッチング問題は，「最大重みマッチング問題，最大重み最大マッチング問題，最大重み完全マッチング問題，最小重み最大マッチング問題，最小重み完全マッチング問題」などの総称である．以下に，それぞれの特徴を示す．

[20] http://www.orsj.or.jp/~wiki/wiki/index.php/容量制約なし施設配置問題

[21] 巡回セールスマン問題 (TSP) など，さまざまな問題を2次割当問題ととらえられる．2次割当問題は，抽象度の高い問題といえる．しかし，非常に解きにくい問題である．問題の構造を理解するために，2次割当問題に帰着することは有益だが，そのまま解くのはお薦めしない．より具体的な問題にとらえなおして解くべきだろう．たとえば，TSP に対しては，TSP 専用の解法を使った方がよいだろう．http://www.orsj.or.jp/~wiki/wiki/index.php/2次割当問題

[22] http://www.orsj.or.jp/~wiki/wiki/index.php/一般化割当問題

[23] http://www.orsj.or.jp/~wiki/wiki/index.php/マッチング問題

[24] 重みは全て0以上とする．

重みマッチング問題	問題種類	マッチングした辺数
最大重みマッチング問題	最大化	任意
最大重み最大マッチング問題	最大化	最大マッチング問題と等しいこと
最大重み完全マッチング問題	最大化	頂点数の半分であること
最小重み最大マッチング問題	最小化	最大マッチング問題と等しいこと
最小重み完全マッチング問題	最小化	頂点数の半分であること

最小重みマッチング問題は，空が自明な最適解なので，通常，検討対象としない．

「最大重みマッチング問題と最大重み最大マッチング問題と最小重み最大マッチング問題」において重みが全て1のとき，単に「**最大マッチング問題**」と呼び，「最大重み完全マッチング問題と最小重み完全マッチング問題」において重みが全て1のとき，単に「**完全マッチング問題**」と呼ぶ．

最小重み最大マッチング問題と最小重み完全マッチング問題は，当該重みを「重みの最大 − 当該重み」に変えれば，最大重み最大マッチング問題と最大重み完全マッチング問題に帰着できる．そして，最大重み完全マッチング問題は，最大重み最大マッチング問題の解が完全マッチングになっている場合のみ解となる．これらのことから，最大重みマッチング問題と最大重み最大マッチング問題の解法があればよいことになる．

なお，最大重みマッチング問題は，`max_weight_matching`（エドモンズ法）で解ける．最大重み最大マッチング問題を解く場合は，`max_weight_matching`で`maxcardinality=True`を指定すればよい．ただし，グラフが2部グラフの場合，一般のグラフより高性能の（ハンガリー法などの）アルゴリズムが存在する．

安定マッチング問題[*25]

男性のグループと女性のグループが与えられ，男性は女性の選好順序を，女性は男性の選好順序を持っている．男女でペアを作ったときブロッキングペア[*26]が存在しないマッチングを安定マッチングという．

応用例：研修医の配属や研究室の配属など実際にさまざまなところで利用されている．

[*25] 安定マッチング問題は，厳密には最適化問題ではないが，マッチングに関し重要な問題なので典型問題に含めている．ゲール・シャプレーの解法により効率的に解ける．http://www.orsj.or.jp/~wiki/wiki/index.php/安定結婚問題

[*26] ブロッキングペア(m,w)とは，ペアとなっていない男女で「wはmの現在のペアよりも好ましい」「mはwの現在のペアよりも好ましい」状態のペアをいう．

参考文献

[1] 並木 誠：『Pythonによる数理最適化入門』久保幹雄（監修），朝倉書店，2018.

[2] 池上敦子：『ナース・スケジューリング』（シリーズ：最適化モデリング 3），近代科学社，2018.

[3] ジョン・V. グッターグ（著），久保幹雄（監訳）：『世界標準 MIT 教科書 Python 言語によるプログラミングイントロダクション第 2 版：データサイエンスとアプリケーション』，近代科学社，2017.

[4] 池内孝啓，片柳薫子，岩尾エマはるか，@driller：『Python ユーザのための Jupyter［実践］入門』，技術評論社，2017.

[5] 久保幹雄，小林和博，斉藤 努，並木 誠，橋本英樹：『Python 言語によるビジネスアナリティクス— 実務家のための最適化・統計解析・機械学習』近代科学社，2016.

[6] 山下 浩，蒲地政文，畔上秀幸，斉藤 努，枇々木規雄，滝根哲哉，金森敬文：『モデリングの諸相』（シリーズ:最適化モデリング 5），近代科学社，2016.

[7] 穴井宏和，斉藤 努：『今日から使える！組合せ最適化：離散問題ガイドブック』，講談社，2015.

[8] 赤池弘次，茨木俊秀，腰塚武志ほか：『モデリング：広い視野を求めて』（シリーズ：最適化モデリング 1），近代科学社，2015.

[9] 関口良行：『はじめての最適化』近代科学社，2014.

[10] 今野 浩：『ヒラノ教授の線形計画法物語』岩波書店，2014.

[11] 久保幹雄，ジョア・ペドロ・ペドロソ，村松正和，アブドル・レイス：『あたらしい数理最適化: Python 言語と Gurobi で解く』，近代科学社，2012.

[12] 宮本裕一郎：はじめての列生成法『オペレーションズ・リサーチ 経営の科学』，57(4)，pp.198–204，2012.
http://www.orsj.or.jp/archive2/or57-04/or57_4_198.pdf

[13] 茨木俊秀：『最適化の数学』（共立講座 21 世紀の数学 13），共立出版，2011.

[14] 藤澤克樹，後藤順哉，安井雄一郎：『Excel で学ぶ OR』，オーム社，2011.

[15] 藤澤克樹，梅谷俊治：『応用に役立つ 50 の最適化問題』（応用最適化シリーズ 3），朝倉書店，2009.

[16] 松井泰子，根本俊男，宇野毅明：『入門オペレーションズ・リサーチ』，東海大学出版会，2008.

[17] 久保幹雄：『サプライ・チェイン最適化ハンドブック』，朝倉書店，2007．

[18] 小島政和，土谷 隆，水野真治，矢部 博：『内点法（経営科学のニューフロンティア）』，朝倉書店，2001．

[19] 久保幹雄：『組合せ最適化とアルゴリズム』（インターネット時代の数学シリーズ 8），共立出版，2000．

索引

【欧文】
abs, 54, 66
add_edge, 72
add_edges_from, 72
add_node, 72
add_nodes_from, 72
addbinvar, 39
addbinvars, 39
addlines, 40, 104
addlines_conv, 40, 105
addvar, 39
addvars, 39
apply, 54, 60
area, 62
argmax, 55
arrange, 49
axis, 54

bar, 62
beta, 65
binomial, 65
binpacking, 43
box, 62
boxplot, 62

CBC, 2, 36
chinese_postman, 42
choice, 64
circular_ladder_graph, 74
combinatorial_auction, 42
complement, 74
complete_bipartite_graph, 74
config, 25
connected_component_subgraphs, 74
corr, 60
CPLEX, 36
cut, 64
cycle_graph, 74

DataFrame, 47

debug, 25
describe, 60
diff, 60
DiGraph, 71
dijkstra_path, 76
draw, 73
draw_networkx, 73
drop, 60
drop_duplicates, 60
dropna, 60
dtype, 50
dtypes, 60
dual, 26, 162

edges, 72
empty_graph, 74
eulerian_circuit, 74
Excel, 9, 50

facility_location, 44
facility_location_without_capacity, 44
fast_gnp_random_graph, 73
fillna, 60
freeze, 74

gap, 44
get_dummies, 58
get_state, 65
GLPK, 36
Graph, 71
graph_from_table, 40
grid_2d_graph, 74
grid_graph, 74
groupby, 56
Gurobi, 36

hist, 62

inv, 66
inverse_line_graph, 74

IPAexGothic, 61
is_bipartite, 73
is_connected, 73
is_directed, 72, 73
is_directed_acyclic_graph, 73
is_empty, 73
is_eulerian, 73
is_forest, 73
is_frozen, 73
is_matching, 73
is_multigraph, 72
is_negatively_weighted, 73
is_simple_path, 73
is_strongly_connected, 73
is_tree, 73
is_weakly_connected, 73
is_weighted, 73
isinf, 66
isnan, 66
isneginf, 66
isposinf, 66
iterrows, 58
itertuples, 58

japanmap, 77
Jupyter Notebook, 17

kde, 62
knapsack, 43

ladder_graph, 74
less, 53
line_graph, 74
linspace, 66
logistics_network, 45
lpDot, 32
LpMaximize, 31
LpProblem, 31
LpStatus, 33
lpSum, 32
LpVariable, 31
lru_cache, 175

magic, 22
matplotlib, 24
max, 54
max_weight_matching, 77
maximum_cut, 41
maximum_flow, 76

maximum_stable_set, 40
merge, 57
min_cost_flow, 76
min_node_cover, 41
minimum_spanning_tree, 75
MIP gap, 38
MultiDiGraph, 71
MultiGraph, 71
multinomial, 65
multivariate_normal, 65

nan, 66
nbextensions, 27
ndarray, 49
ndim, 49
node, 72
norm, 66
normal, 65
NumPy, 49, 64
nunique, 60

OrderedGraph, 71
ortoolpy, 39

path_graph, 74
permutation, 65
pie, 62
pipe, 60
pivot, 59
plot, 62
poisson, 65
PuLP, 29

qcut, 60
quad_assign, 44
query, 53

rand, 65
randint, 65
randn, 65
read_csv, 50
read_excel, 50
read_html, 50
read_pickle, 50
remove_edge, 72
remove_edges_from, 72
remove_node, 72
remove_nodes_from, 72
resample, 60

reset_index, 60
reshape, 49
retina, 25
reverse, 74
round, 66

savefig, 63
scatter, 62
seed, 65
Series, 47
set_covering, 42
set_index, 60
set_option, 60
set_partition, 42
set_state, 65
shape, 49
shift, 60
shift_scheduling, 43
shuffle, 65
size, 49
solve, 33
sort, 66
sort_index, 60
sort_values, 60
sqrt, 66
stable_matching, 45
store, 23
strongly_connected_component_subgraphs, 74

take, 60
time, 23
timeit, 24
to_csv, 50
to_pickle, 50
transpose, 60
tsp, 41
two_machine_flowshop, 42
TwoDimPackingClass, 43

uniform, 65
unionfind, 45, 170
unique, 60

value, 33
value_counts, 64
values, 55
vectorize, 100
vrp, 41

weakly_connected_component_subgraphs, 74
whos, 22

【あ】
安全在庫問題, 8
安定マッチング問題, 44, 198
一般化割当問題, 44, 197
インデックス, 51
インデックス参照, 51
運搬経路問題, 8, 41, 193
エデンの園配置, 137
n 次元パッキング問題, 9, 43, 196
NP 困難, 192
オイラー閉路, 70, 127
オイラー路, 70
OR の心得, 144
オープンショップ問題, 195
オプション, 36
オペレーションズ・リサーチ (OR), 12
重みマッチング問題, 77, 197

【か】
カーネル, 21
カーネル密度推定, 62
解, 3
解空間, 3
拡大グラフ, 68
完全グラフ, 69
完全マッチング問題, 198
緩和固定法, 160
緩和問題, 38, 157
木, 69
機械学習, 1
基底解, 177
基底行列, 177
行ラベル, 48
強連結, 69
局所探索法, 188
局所的最適解, 170
極大マッチング, 77
近似解, 3, 169
近似解法, 3, 169
勤務スケジューリング問題, 8, 43, 196
区分線形近似, 40, 104, 157
組合せオークション問題, 42, 195
クラスカル法, 170
グラフ, 67
クリーク, 70
クルースケジューリング問題, 8

ゲーム理論, 124
ゲール・シャプレーの解法, 198
欠損値, 60
厳密解, 3, 169
厳密解法, 3, 169, 170, 172, 175
コマンド, 14
混合整数最適化問題, 4
混合戦略, 125

【さ】
サイクル, 70
最小重み完全マッチング問題, 112, 198
最小重み最大マッチング問題, 198
最小カット問題, 193
最小全域木問題, 75, 170, 192
最小頂点被覆問題, 41, 192
最小費用流問題, 8, 76, 123, 193
最大安定集合問題, 40, 192
最大重み完全マッチング問題, 198
最大重み最大マッチング問題, 198
最大重みマッチング問題, 198
最大カット問題, 41, 192
最大クリーク問題, 192
最大独立集合問題, 192
最大マッチング問題, 197, 198
最大流問題, 76, 193
最短路問題, 75, 172, 193
時空間ネットワーク, 161
自己ループ, 68
次数, 70
施設配置問題, 43, 196
実行可能領域, 3
四分位, 60, 62
弱連結, 69
収益管理問題, 9
集合被覆問題, 42, 194
集合分割問題, 42, 140, 194
自由変数, 31
縮約, 70
主問題, 162
巡回セールスマン問題, 41, 129, 130, 194
ジョブショップ問題, 9, 195
真部分グラフ, 68
シンプレックス法, 177
数理モデル, 2
スカラー, 49
スプレッドシート, 9
スライス, 51
正則行列, 177

正当性の検証, 144
制約条件, 2
セル・オートマトン, 137
0-1 変数, 4, 32, 80
線グラフ, 69
線形最適化問題, 4, 177, 179
双対定理, 162
双対問題, 161, 193
ソルバー, 1, 29, 36

【た】
大域的最適解, 169
ダイクストラ法, 166, 172
多次元配列, 49
多重グラフ, 68
多重辺, 68
妥当性の検証, 144
タプル, 18
単純グラフ, 68
中国人郵便配達問題, 41, 194
頂点, 67
頂点彩色問題, 113
強い定式化, 38
定式化, 2
デバッグ, 25
典型問題, 5, 192
テンソル, 49
転置, 60
動的最適化, 175
凸集合, 3
貪欲法, 147, 170

【な】
内点法, 179
内包表記, 100
長さ, 70
ナップサック問題, 43, 145, 147, 157, 175, 196
ナンプレ, 95
2 次割当問題, 44, 197
2 部グラフ, 69
ネットワーク, 67
ノーフリーランチ定理, 6

【は】
配送最適化問題, 8, 41, 193
バイナリー変数, 4, 32, 80
バグ, 154
パス, 70
パズル, 167

外れ値, 62
汎用問題, 4
半連続変数, 101
非基底行列, 177
非線形最適化問題, 4
非負変数, 31
ビンパッキング問題, 43, 151, 153, 196
ファンシーインデックス参照, 51
ブールインデックス参照, 51
複雑性クラス, 192
部分グラフ, 68
フローショップ問題, 9, 42, 195
ブロードキャスト, 51
分枝限定法, 182, 184
閉路, 70
ベクトル, 49
ヘルプ, 21
ベルマン・フォード法, 175
辺, 67
変数, 2
補完, 21
補グラフ, 69
歩道, 70

【ま】
マークダウン, 26
麻雀, 139
マジックコマンド, 22
マックスミニ問題, 109
マッチング, 70
道, 70
ミニサム問題, 149
ミニマックス問題, 109, 132, 150
無向グラフ, 68
無向辺, 68
メソッド, 22
目的関数, 2
モデル, 1
森, 69
モンテカルロ法, 164

【や】
有向グラフ, 68
有向非巡回グラフ (DAG), 69
有向辺, 68
誘導部分グラフ, 68
ユニバーサル関数, 53
容量制約なし施設配置問題, 44, 197
四色問題, 112, 113

【ら】
ライフゲーム, 137
ライブラリー, 2
ラグランジュ緩和問題, 157
ラグランジュ乗数, 157
乱数, 65
離散変数, 4
リスト, 18
利得表, 124
吝嗇法, 147
隣接制約, 102
ループ, 68
列ラベル, 48
連結, 69
連結グラフ, 69
連続変数, 4
路, 70
ローリング・ホライズン方式, 160
ロジスティクス・ネットワーク設計問題, 7, 45, 93
ロットサイズ決定問題, 8

【わ】
ワーシャル・フロイド法, 175

著者紹介

斉藤　努（さいとう　つとむ）

1989 年　東京工業大学理学部情報科学科卒業
1991 年　東京工業大学大学院理工学研究科情報科学専攻修士課程修了，理学修士
2002 年　技術士（情報工学）登録
2018 年 9 月～2019 年 3 月　成蹊大学客員研究員
現　　在　（株）ビープラウド　IT コンサルタント

主要著書

『今日から使える！組合せ最適化：離散問題ガイドブック』（共著），講談社（2015）
『Python 言語によるビジネスアナリティクス──実務家のための最適化・統計解析・機械学習』（共著），近代科学社（2016）
『モデリングの諸相』（共著），近代科学社（2016）

Python による問題解決シリーズ 1
データ分析ライブラリーを用いた
最適化モデルの作り方

© 2018 Tsutomu Saito
Printed in Japan

2018 年 12 月 31 日　初版第 1 刷発行

著　者　　斉藤　努
発行者　　井芹昌信
発行所　　株式会社　近代科学社

〒 162-0843　東京都新宿区谷町 2-7-15
電話 03-3260-6161　振替 00160-5-7625
http://www.kindaikagaku.co.jp

藤原印刷　　ISBN978-4-7649-0580-1
定価はカバーに表示してあります．